Sunil Kumar Snehi
Shri Krishana Raj

Manual de Laboratório de Virologia Vegetal

Sunil Kumar Snehi
Shri Krishana Raj

Manual de Laboratório de Virologia Vegetal

Noções básicas de virologia vegetal e protocolos para uma utilização fácil no laboratório

ScienciaScripts

Imprint
Any brand names and product names mentioned in this book are subject to trademark, brand or patent protection and are trademarks or registered trademarks of their respective holders. The use of brand names, product names, common names, trade names, product descriptions etc. even without a particular marking in this work is in no way to be construed to mean that such names may be regarded as unrestricted in respect of trademark and brand protection legislation and could thus be used by anyone.

Cover image: www.ingimage.com

This book is a translation from the original published under ISBN 978-3-659-86567-1.

Publisher:
Sciencia Scripts
is a trademark of
Dodo Books Indian Ocean Ltd. and OmniScriptum S.R.L publishing group

120 High Road, East Finchley, London, N2 9ED, United Kingdom
Str. Armeneasca 28/1, office 1, Chisinau MD-2012, Republic of Moldova, Europe
Managing Directors: Ieva Konstantinova, Victoria Ursu
info@omniscriptum.com

Printed at: see last page
ISBN: 978-620-8-54575-8

CONTEÚDO

Prefácio

Os vírus das plantas causam grandes prejuízos a várias culturas agrícolas e hortícolas em todo o mundo. Ao contrário de outros agentes patogénicos das plantas, ainda não existem métodos diretos para controlar os vírus e, consequentemente, as medidas actuais baseiam-se em tácticas indirectas para gerir as doenças virais. Assim, os métodos de deteção e identificação de vírus, tanto nas plantas como nos vectores, desempenham um papel fundamental na gestão das doenças virais. Os métodos de deteção baseados na proteína da bainha incluem testes de precipitação/aglutinação, ensaios de imunoabsorção enzimática e immunoblotting. As técnicas baseadas em ácidos nucleicos virais, como os ensaios de hibridação dot-blot e a reação em cadeia da polimerase, são mais sensíveis do que outros métodos. A disponibilidade destes métodos de diagnóstico proporciona maior flexibilidade, maior sensibilidade e especificidade para o diagnóstico rápido de doenças virais em inquéritos sobre doenças, estudos epidemiológicos, quarentena de plantas e certificação de sementes e programas de melhoramento.

O Manual de Laboratório de Virologia Vegetal abordou as noções básicas de vírus de plantas, como caraterísticas gerais, breve história, classificação, alguns vírus de plantas economicamente importantes, os seus sintomas, transmissão e protocolos (biológicos, serológicos e moleculares) para deteção, identificação e caraterização de vírus de plantas que podem ser aplicados à gestão de doenças de vírus de plantas e melhorar a qualidade e o rendimento das plantas cultivadas.

Este guia destina-se a ser utilizado na deteção, identificação e caraterização de vários grupos de vírus vegetais em plantas economicamente importantes. Este livro também ajuda os estudantes graduados, pós-graduados, investigadores e membros do corpo docente de vários institutos e universidades a lidar com os vírus das plantas no laboratório, no campo e em estufas e a identificá-los a nível biológico, serológico e molecular.

Sunil Kumar Snehi Shri Krishana Raj

Sobre os editores

DR. SUNIL KUMAR SNEHI

O Dr. Sunil Kumar Snehi entrou como Professor Assistente no Departamento de Microbiologia da Universidade Barkatullah, Bhopal, Madhya Pradesh, Índia, em 01 de novembro de 2014. Obteve o seu doutoramento (2012) na Universidade de Lucknow, Lucknow e no CSIR- National Botanical Research Institute (NBRI),

Lucknow sobre "Estudos moleculares de vírus/es que causam a doença do mosaico grave em espécies de Jatropha cultivadas na Índia e desenvolvimento das suas estratégias de gestão".

A Dra. Snehi tem mais de 9 anos de experiência de investigação no domínio da virologia molecular de plantas, tendo sido associada anteriormente (de 21 de junho de 2005 a 31 de outubro de 2014) como responsável técnica do Laboratório de Virologia Molecular de Plantas, CSIR-

National Botanical Research Institute (NBRI), Lucknow, U. P. Durante este período, identificou e caracterizou espécies de Begomovirus, Cucumovirus, potyvirus e fitoplasma (membro da família das bactérias sem parede) de várias culturas hortícolas, ornamentais, infestantes e economicamente importantes da Índia e desenvolveu protocolos baseados em PCR, RT-PCR e NASH para o diagnóstico sensível destes vírus em culturas economicamente importantes.

Publicou 57 artigos de investigação em revistas nacionais e internacionais de renome, 01 livro de texto e publicou 04 capítulos de livros em livros publicados internacionalmente. É revisor de várias revistas de investigação científica relacionadas com a virologia vegetal.

A Dra. Snehi recebeu uma bolsa de viagem internacional do Science and Engineering Research Board (SERB), do Departamento de Ciência e Tecnologia (DST), Nova Deli, como Jovem Cientista, em 02.09.2014, para apresentar um trabalho de investigação no "4th World Congress on Virology" realizado de 06 a 08 de outubro de 2014) San Antonio, TX, EUA.

A Dra. Snehi recebeu recentemente (28 de abril de 2015) uma bolsa de arranque da UGC, Nova Deli, intitulada "Identificação e carateriização molecular de begomovírus/es e das suas moléculas satélite que infectam plantas comercialmente importantes em Madhya Pradesh durante dois anos.

DR. SHRI KRISHANA RAJ

O Dr. S. K. Raj obteve o grau de doutor em Botânica (Virologia Vegetal) pela Universidade de Kanpur em 1990 com o tema "Caracterização de um vírus que causa a doença da mancha anelar em Brinjal (*Solanum melongena* L.) e sua gestão". Entrou para o Laboratório de Virologia Vegetal do CSIR-National Botanical Research Institute, Lucknow, em 1986, como Cientista B e continua como Cientista-Chefe /Sr.

O Dr. Raj trabalhou também como cientista convidado no Institute of Genetics and Crop Research, Gatersleban, Alemanha, em 1991 (bolsa INSA-DFG) com o Prof. R. M. Leiser; e no Scottish Crop Research Institute, Dundee, Reino Unido, em 1997 (bolsa INSARoyal Society) e 2000 (bolsa DBT) com o Prof. Micheal Taliansky para realizar investigação sobre a biologia molecular dos vírus das plantas, com especial referência ao desenvolvimento da resistência viral nas plantas através de estratégias de resistência derivadas de agentes patogénicos que utilizam genes virais.

Foi investigador principal de muitos projectos financiados pelo Departamento de Biotecnologia (DBT), Nova Deli; Departamento de Ciência e Tecnologia (DST), Nova Deli e Conselho de Ciência e Tecnologia de U.P. (UP-CST), Lucknow.

O seu grupo de investigação investigou com êxito a organização do genoma de begomovírus; Cucumovírus, Potyvírus, *Banana bunchy top virus* e Phytoplasma associados a várias doenças de plantas de cultura de importância económica. Foram também desenvolvidos sistemas de diagnóstico sensíveis para um diagnóstico rápido e fiável de vírus de plantas importantes e plantas de tomate transgénicas resistentes a vírus utilizando o gene da proteína do revestimento do CMV e do TLCV.

Do seu trabalho de investigação, publicou mais de 144 artigos de investigação em revistas nacionais e internacionais. Orientou 10 estudantes de doutoramento e quatro estão registados para doutoramento sob a sua supervisão.

O Dr. Raj foi distinguido com o Prémio Vigyan Ratan 2010-2011 da Uttar Pradesh Science and Technology (UPCS&T), Lucknow, U. P. pelas suas grandes contribuições científicas na área da Virologia e Biotecnologia Vegetal, especialmente pela identificação e caraterização de vários vírus de plantas, desenvolvimento de diagnósticos de vírus e plantas transgénicas resistentes a vírus para proteção de plantas de floricultura e horticultura contra doenças virais.

O Dr. Raj é membro da Sociedade Indiana de Virologia, Nova Deli, e da Sociedade Indiana de Fitopatologia, Nova Deli.

1. INTRODUÇÃO

Os vírus das plantas são parasitas intracelulares obrigatórios constituídos por nucleoproteínas e são responsáveis por causar doenças em diversas espécies de plantas. Ao longo de um século, sabe-se que mais de mil vírus de plantas reduzem o rendimento e a qualidade das culturas hortícolas, ornamentais e vegetais em todo o mundo. No que diz respeito a todos os vírus vegetais conhecidos, cerca de 70% são transmitidos por insectos vectores como pulgões, cigarrinhas, moscas brancas, cochonilhas, ácaros, tripes e escaravelhos, etc., pelo que as doenças causadas por vírus vegetais parecem estar a proliferar a um ritmo cada vez maior. Ao contrário das doenças fúngicas e bacterianas, as viroses não podem ser controladas por quaisquer tratamentos químicos. O conhecimento inequívoco do vírus envolvido na doença, dos seus principais vectores e da etiologia da doença é essencial para aplicar o seu controlo. Uma deteção fiável e precisa do vírus numa fase precoce do desenvolvimento da planta é também eficaz para a gestão da doença (Khan, 2006).

O presente século enfrenta graves epidemias causadas por novos vírus emergentes que afectam uma variedade de culturas, em especial produtos hortícolas, leguminosas, cereais, sementes oleaginosas, frutos, tubérculos, especiarias e plantas ornamentais. Há quatro grandes grupos de vírus que parecem ser os mais importantes entre os novos agentes causadores de doenças a nível mundial. Estes pertencem às famílias *Bromoviridae*, *Bunyaviridae*, *Geminiviridae* e *Potyviridae*. Os principais factores que contribuem para a emergência e propagação de novos vírus incluem a evolução de variantes de vírus, alterações no sistema de cultivo, alterações na biologia dos vectores, introdução de novas culturas e introdução de genes de suscetibilidade do hospedeiro através do intercâmbio de germoplasma (Varma e Malathi, 2003).

Atualmente, 5.450 vírus pertencentes a mais de 2.000 espécies estão classificados em 287 géneros, 73 famílias e 3 ordens. Dos quais, apenas 11 famílias e 34 géneros infectam plantas (Fauquet et al. 2005).

A virologia vegetal é um dos domínios de investigação mais dinâmicos da fitopatologia. Durante o último quarto do século XX, a nossa compreensão dos vírus das plantas e dos seus mecanismos patogénicos ultrapassou a imaginação dos primeiros virologistas. Atualmente, são rapidamente identificados novos vírus de plantas e a nossa consciência do seu impacto patológico continua a aumentar (Langham, 2006). Os vírus são também únicos na simplicidade enganadora da sua estrutura. No entanto, esta simplicidade leva a uma maior dependência do hospedeiro e existe uma relação altamente intrincada entre os dois. Isto complica as estratégias de controlo dos vírus das plantas e as perdas por eles causadas (Langham, 2006).

São utilizadas diferentes técnicas de diagnóstico na identificação de vírus de plantas. A observação de sintomas é um instrumento importante no diagnóstico de vírus no terreno, embora não seja um método conclusivo, sendo combinado com outros métodos (Fajinmi, 2006). Um desses métodos são os estudos de transmissão, que envolvem estudos sobre a forma como um vírus entra nas plantas hospedeiras. Diferentes plantas indicadoras de teste são inoculadas mecanicamente ou transmitidas por enxerto com o vírus, a transmissão do vírus por insectos vectores é efectuada em séries de plantas de teste em gaiolas especializadas à prova de insectos, de modo a fornecer informações úteis e a caraterizar melhor o vírus (Hughes et al., 2004). Os factores ambientais podem influenciar a expressão dos sintomas do vírus, o que pode servir de fator limitante, mas a utilização da microscopia eletrónica permite uma maior clarificação do vírus (Hughes et al., 2004; Fajinmi, 2006).

O principal objetivo deste livro de texto é apresentar aos leitores/investigadores os conhecimentos básicos sobre vírus de plantas, tais como caraterísticas gerais dos vírus de plantas, breve história, classificação, alguns vírus de plantas importantes, os seus sintomas e protocolos para deteção, identificação e caraterização de vírus de plantas que podem ser aplicados à gestão de doenças de vírus de plantas e melhorar o rendimento das culturas.

2. CARACTERÍSTICAS GERAIS DOS VÍRUS DAS PLANTAS

Os vírus das plantas são partículas muito minúsculas, que podem passar através de filtros bacterianos com poros de 0,2 nm. Só podem ser vistos ao microscópio eletrónico e medidos em nanómetros (1nm = 10^{-9} mm). As partículas de vírus são constituídas por dois ou três componentes: (i) o material genético feito de ADN ou ARN; (ii) um revestimento proteico que protege estes genes; e (iii) em alguns casos, um envelope de lípidos que envolve o revestimento proteico quando se encontram fora de uma célula (Raj et al., 2013).

Os vírus das plantas podem ter formas e tamanhos variáveis, como esféricos/isométricos (*vírus esférico do tungro do arroz*, *vírus do mosaico do pepino* e *vírus da murchidão manchada do tomateiro*), haste rígida (*vírus do mosaico do tabaco* e *vírus da rosca do tabaco*), Filamentosos (*Rice Grassy Stunt* e *Rice Stripe Virus*), flexuosos (*Potato Virus X* e *Bean Common Mosaic Virus*), baciliformes (*Rice Tungro Bacilliform Virus* e *Banana streak virus*) e geminados (*Bean golden mosaic virus* e *Maize Streak Virus*). São transmitidos naturalmente por insectos vectores (insectos sugadores de seiva), por exemplo, os afídeos transmitem mais vírus do que qualquer outro grupo de insectos, seguidos das cigarrinhas, moscas brancas, tripes, escaravelhos e ácaros.

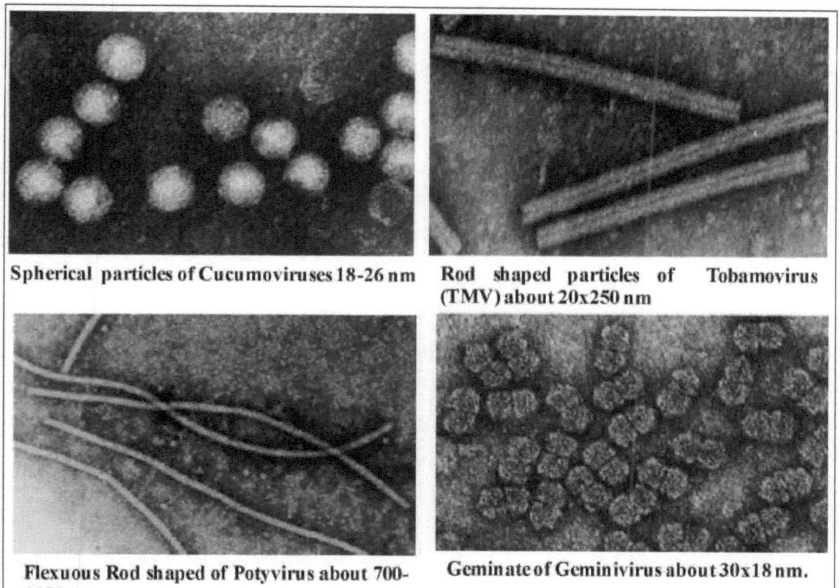

Spherical particles of Cucumoviruses 18-26 nm

Rod shaped particles of Tobamovirus (TMV) about 20x250 nm

Flexuous Rod shaped of Potyvirus about 700-1000 nm

Geminate of Geminivirus about 30x18 nm.

Fig. 1. Forma e tamanho dos grupos de vírus vegetais em micrografias electrónicas

3. BREVE HISTÓRIA DA VIROLOGIA

1576: Carolus Clusius -Tulip color breaking- é o mais antigo exemplo conhecido de doença viral.

1692: Descobriu-se que a risca amarela do jasmim é causada pelo vírus da mancha do jasmim.

1882-1886: A era atual da Virologia Vegetal começou com a investigação científica de Adolf Mayer.

1882: Adolf Mayer (Universidade de Heidelberg, Alemanha) descreveu a doença do mosaico do tabaco e demonstrou que a doença do mosaico pode ser transferida para o tabaco saudável esfregando as folhas com a seiva das plantas com mosaico.

1890: O termo vírus (Poison) foi utilizado para designar uma vasta gama de agentes infecciosos, incluindo bactérias e micróbios.

1892: Ivanowsky (botânico russo) provou que o princípio produtor da doença mantinha a atividade mesmo depois de passar por filtros de bactérias e definiu o agente patogénico como entidade produtora de toxinas.

1893-94: Hashimoto, um orizicultor no Japão, suspeitou da relação entre a lagarta do arroz e a doença do anão do arroz, o que é considerado como a primeira prova de transmissão por vetor.

1898: M. W. Jan Beijerinck alargou o trabalho de Ivanowsky mostrando que o agente do mosaico se multiplicava nos tecidos das plantas e, por conseguinte, não podia ser uma toxina. Chamou a este agente "contagium vivum fluidum".

1904: Baur provou experimentalmente que a variegação do Abutilon é transmitida por enxertia e não por seiva.

1923: Schultz & Murphy identificaram os afídeos como vectores de vírus.

1926: Maurice Mulvania sugeriu que a doença do mosaico do tabaco poderia ser uma proteína de um tipo muito simples com caraterísticas de uma enzima.

1928: Boycott escreveu um artigo intitulado "Transição da vida para a morte: a natureza do vírus filtrável".

1935: W. M. Stanley- Isolamento de uma proteína cristalina com as propriedades do *vírus do mosaico do tabaco* (TMV); partilha do Prémio Nobel de 1946

1939: Foi demonstrado que vários vírus de plantas são constituídos por nucleoproteínas.

1956: Bawden definiu um vírus como um agente patogénico parasita obrigatório.

1956: Krick & Watson apresentaram a teoria geral da estrutura do capsídeo do vírus; o capsídeo é constituído por numerosas subunidades idênticas, em forma de hastes helicoidais ou de concha esférica.

1957: Brandes desenvolveu o método de microscopia eletrónica por imersão das folhas

4. CLASSIFICAÇÃO DOS VÍRUS DE PLANTAS

O Comité Internacional de Taxonomia dos Vírus (ICTV) autoriza e organiza a classificação taxonómica e as nomenclaturas dos vírus. Em 1966, foi formado um comité conhecido como Comité Internacional de Taxonomia dos Vírus (ICTV). Como resultado do trabalho deste comité, foi introduzido um sistema de classificação dos vírus das plantas, baseado em toda a caraterização disponível.

O primeiro relatório foi publicado em 1971 pelo então Comité Internacional de Nomenclatura de Vírus (ICNV), que tinha sido criado em 1966 (Wildy, 1971). Os objectivos do Comité Internacional de Taxonomia dos Vírus são:

> Desenvolver uma taxonomia internacionalmente aceite para os vírus

> Estabelecer nomes internacionalmente aceites para os taxa de vírus.

> Comunicar aos virologistas as decisões tomadas relativamente à classificação e nomenclatura dos vírus através da realização de reuniões e da publicação de relatórios.

> Manter um índice oficial de nomes convencionados de taxa de vírus.

> Estudar os efeitos do vírus na sociedade moderna e o seu comportamento.

Esquemas clássicos de identificação/classificação:

> O hospedeiro e os sintomas foram considerações importantes.

> A morfologia das partículas foi importante após o desenvolvimento do EM.

> As propriedades físico-químicas tornaram-se importantes mais tarde.

> Composições e tamanhos das proteínas.

> Tipos, números e tamanhos de ácidos nucleicos.

Base molecular da identificação/classificação dos vírus com base em análises de sequências:

> Identidades/semelhanças de sequências e aminoácidos do gene da proteína do revestimento ou do genoma completo.

> Relações filogenéticas com outras estirpes/espécies relacionadas.

> Evolução de novas espécies/estirpes devido à recombinação de genes.

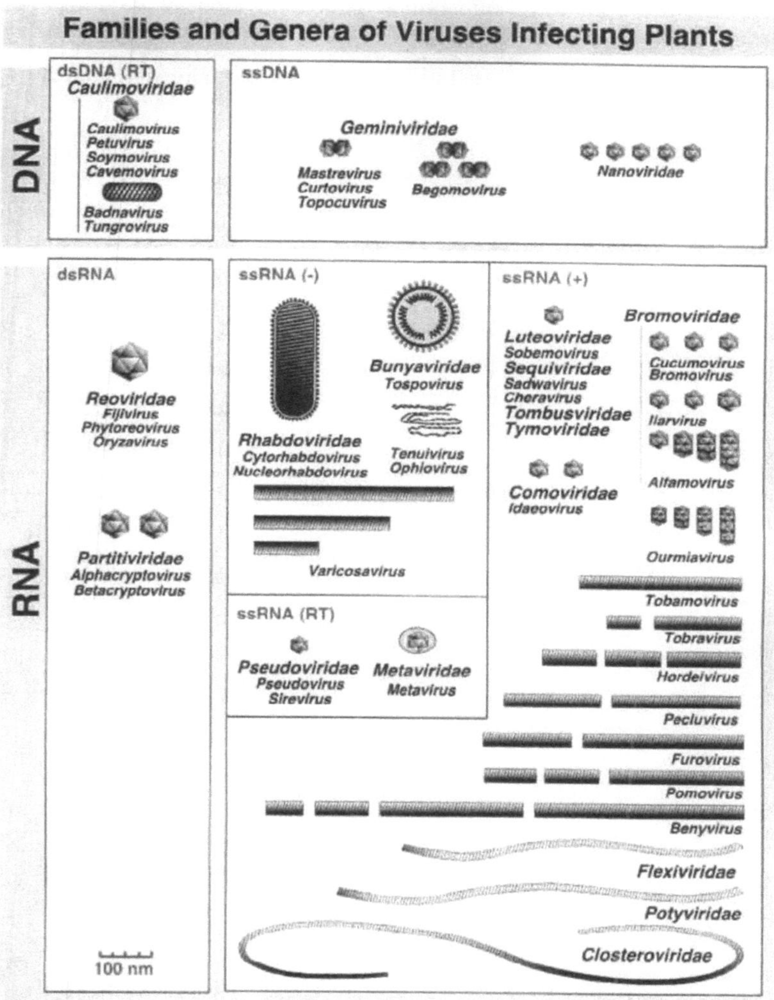

Fig. 2. Classificação dos vírus das plantas. De Virus Taxonomy, 8th Report of the National Committee on the Taxonomy of Viruses, Fauquet et al., p. 18, Copyright Elsevier (2005).

Recentemente, o relatório do ICTV (Divisão da União Internacional das Sociedades Microbiológicas) foi revisto para melhorar a taxonomia, a classificação e a nomenclatura dos vírus e publicado em 2012. (Nono Relatório do Comité Internacional de Taxonomia de Vírus (2012) Ed: King, A.M.Q., Adams, M.J., Carstens, E.B. e Lefkowitz, E.J. San Diego, Elsevier Academic Press, EUA).

Tabela. 1. Várias ordens, famílias, subfamílias, géneros e espécies definidas pelo Comité Internacional de Taxonomia de Vírus (ICTV) desde 1971 até 2013.

Relatório/ano	**Encomendas**	**Famílias**	**Subfamílias**	**Géneros**	**Espécies**
I[st] Relatório, 1971	-	43	-	-	-
II[o] Relatório, 1976	-	47	-	-	-
IIIrd Relatório, 1979	-	50	-	-	-
IVth Relatório, 1982	-	54	-	-	-
V[o] Relatório, 1991	-	73	-		2420
VI Relatório, 1995	01	50	09	164	3600
VII Relatório, 2000	03	63	09	240	1550
Relatório VIII [th], 2005	03	73	11	289	1898
VIII Relatório, 2008	05	82	11	307	2078
IX Relatório, 2009	06	87	19	349	2285
IX Relatório, 2009	06	94	22	395	2480
IX[th]Report, 2013	07	103	22	455	2827

5. ALGUNS VÍRUS DE PLANTAS IMPORTANTES

O presente século enfrenta graves epidemias causadas por novos vírus emergentes que afectam uma série de culturas, em especial produtos hortícolas, leguminosas, cereais, sementes oleaginosas, frutos, tubérculos, especiarias e plantas ornamentais. Há quatro grandes grupos de vírus que parecem ser os mais importantes entre os novos agentes causadores de doenças a nível mundial. Estes pertencem às famílias *Bromoviridae*, *Bunyaviridae*, *Potyviridae* e *Geminiviridae*

VÍRUS DO MOSAICO DO PEPINO

O vírus do mosaico do pepino (CMV), membro tipo do género *Cucumovirus* da família *Bromoviridae*, é um dos vírus de plantas economicamente mais importantes conhecidos e estudados até à data. É transmitido por inoculação mecânica e por afídeos. As partículas de vírus têm 26-28 nm de diâmetro e são esféricas com um núcleo central. A sua distribuição é mundial, infecta mais de 1000 espécies de hospedeiros, incluindo membros de 85 famílias de plantas (Palukaitis *et al.*, 1992), o que o torna o vírus com a mais ampla gama de hospedeiros conhecida e ataca uma grande variedade de produtos hortícolas, plantas ornamentais e outras plantas, causando graves perdas de rendimento e qualidade.

Fig. 3. Sintomas de mosaico e bolhas do vírus do mosaico do pepino em espécies de pepino.

Organização genómica do vírus do mosaico do pepino

O CMV tem um genoma de ARN de sentido positivo de cadeia simples, tripartido e funcionalmente dividido, com cinco quadros de leitura abertos (ORF). O ácido nucleico é constituído por três moléculas genómicas: o ARN 1 com cerca de 3357-3389nt, o ARN 2 com 3035-3050nt, o ARN 3 com 2197-2261nt e o ARN 4 com 1027nt, que é um ARNm subgenómico da proteína do revestimento. Embora o gene da proteína do revestimento do CMV esteja codificado no ARN 3, só é expresso a partir do seu ARN sub genómico 4 (Habili e Francki, 1974). Os quatro ARNs do CMV são todos de cadeia positiva, ou seja, são ARNs mensageiros, cada um dos quais pode ser traduzido in vitro para produzir uma proteína diferente responsável pela replicação, encapsidação e infeção. Todos os quatro ARN contêm uma região 3'-terminal não traduzida conservada de cerca de 200 nucleótidos (Gould e Symons 1977) e os seus terminais 5' têm 7 tampas de metilguanosina (Symons 1975).

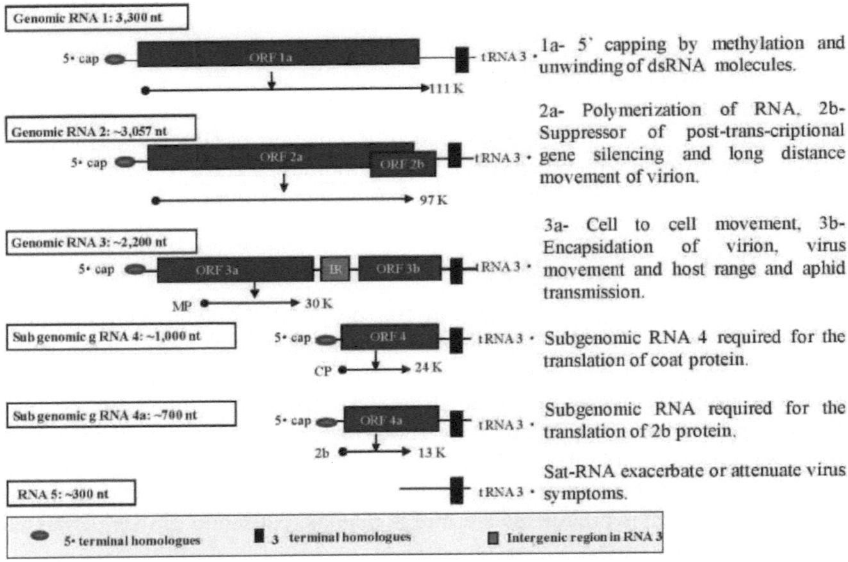

Fig. 4. Figura que mostra a organização genómica do *Cucumovirus* (família *Bromoviridae*).

POTYVIRUS

O grupo dos potyvírus (cujo nome deriva do seu membro prototípico, *Potato virus Y* (PVY)) é o maior dos 34 grupos e famílias de vírus de plantas atualmente reconhecidos (Ward & Shukla, 1991). Este grupo contém pelo menos 180 membros definitivos e possíveis (30% de todos os vírus de plantas conhecidos) que causam perdas significativas em culturas agrícolas, hortícolas e ornamentais (Ward & Shukla, 1991). São transmitidos predominantemente por afídeos, de forma não persistente, e podem ser responsáveis por graves prejuízos económicos nas culturas.

Fig. 5. Doença da mancha anelar na planta da papaieira e nos seus frutos por Papaya *ring spot potyvirus*

Organização das partículas e do genoma

Os potyvírus são partículas flexíveis, não envelopadas, em forma de bastonete, com 680-900 nm de comprimento e 11-15 nm de largura. São compostas por um ARN de cadeia simples de polaridade (+), com cerca de 10 kb de comprimento, rodeado por cerca de 2000 cópias de unidades de proteína de revestimento (CP).

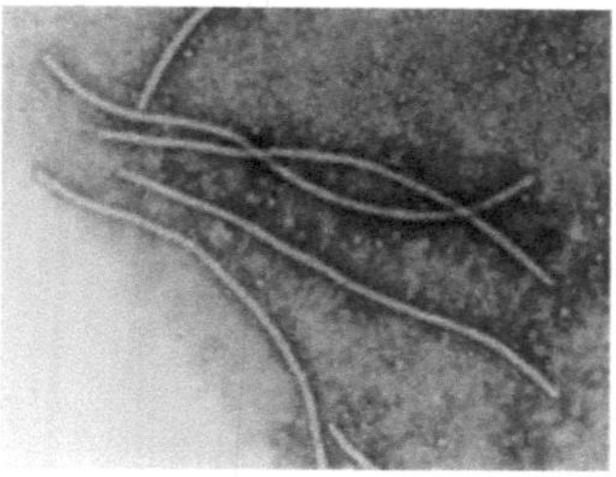

Fig. 6. Partículas flexíveis e em forma de bastonete de Potyvirus ao microscópio eletrónico

A estrutura morfológica definitiva é composta por cerca de 2000 cópias da proteína do capsídeo (CP) (Martin & Gelie, 1997), que encapsidam um genoma de ARN de sentido positivo de cadeia simples, com cerca de 10kb de comprimento, que tem uma proteína ligada ao terminal 5' (VPg). O genoma de sentido positivo pode atuar diretamente como um ARN mensageiro, funcionando a região não codificadora 5' como um potenciador da tradução. O genoma de ARN contém um longo quadro de leitura aberta (ORF) expresso como um precursor poliprotéico de 35,0 kDa.

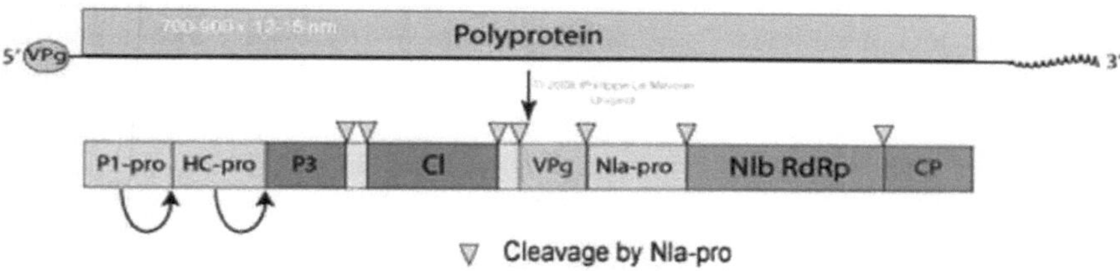

Fig. 7. ORFs do genoma do potyvirus

Proteínas codificadas pelo genoma do potyvirus

As proteínas virais estão todas envolvidas na amplificação do genoma e todas elas, exceto a P3, a 6K1 e a 6K2, ligam-se ao ARN.

Tabela 2. Proteínas do genoma do potyvirus e suas possíveis funções.

PROTEÍNA	FUNÇÃO POSSÍVEL(S)
P1	Proteinase;
	Movimento célula-a-célula (especulação).
HC-Pro	Transmissão mediada por afídeos;
	Proteinase;
	Movimento célula-a-célula (especulação).
P3	Desconhecido (possível papel na replicação)
IC	Replicação do genoma (RNA helicase);
	Fixação da membrana;
	Atividade ATPase estimulada por ácido nucleico;
	Movimento célula a célula (especulação).

PC	Encapsidação do ARN;
	Envolvido na transmissão do vetor;
	Movimento célula a célula.
NIa-VPg	Replicação do genoma (iniciador para a iniciação do ARN
	síntese).
NIa-Pro	Proteinase principal
Nib	Replicação do genoma (RNA polimerase dependente de RNA [RdRp]).
6K1 & 6K2	Desconhecido, mas com possíveis funções em: - Replicação do ARN;
	- Função reguladora que inibe a translocação nuclear de NIa;
	- Ancoragem na membrana da maquinaria de replicação.

BEGOMOVIRUS

Este é o maior género da família *Geminiviridae*. O género *Begomovirus* é transmitido pela mosca branca (*Bemisia tabaci* Gennadius) de forma persistente e circulativa. *O vírus do mosaico dourado do feijão* (BGMV) é o membro tipo do género. Os begomovírus infectam dicotiledóneas em climas tropicais e temperados. Causam várias doenças numa série de culturas economicamente importantes e, por conseguinte, são responsáveis por uma quantidade significativa de danos às culturas em todo o mundo. Os geminivírus economicamente mais importantes, geograficamente disseminados e numerosos pertencem ao género *Begomovirus* (espécie-tipo BGMV), que contém mais de 200 espécies (Fauquet *et al.*, 2008).

Fig. 8. Sintomas de Begomovirus em espécies de plantas daninhas.

Organização do genoma

Os gemenivírus são caracterizados por partículas icosaédricas geminadas (daí o termo gémeo) com cerca de 18-30 nm de dimensão.

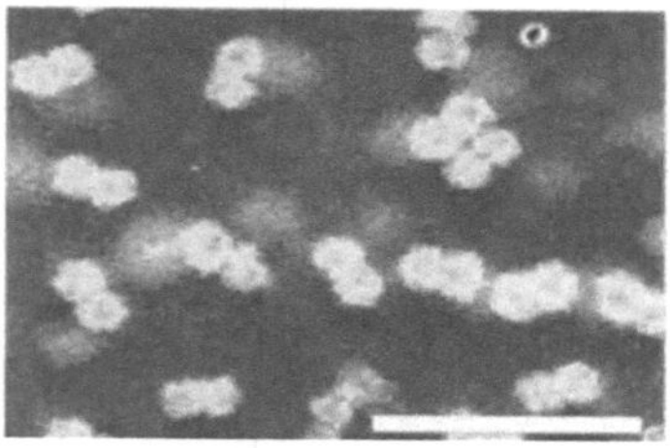

Fig. 9. Micrografia eletrónica de partículas purificadas (geminadas) do vírus do mosaico dourado do feijão, fonte de imagem na Internet.

O genoma do begomovírus é constituído por um ou dois componentes circulares de ADN de fita simples, designados por ADN-A e ADN-B, cada um com aproximadamente 2,62,8 kb de tamanho (Stanley et al. 2005; Fauquet et al. 2008). O ADN-A codifica a proteína associada à replicação (AC1) essencial para a replicação viral; a proteína potenciadora da replicação (AC3); a proteína activadora da transcrição (AC2) que controla a expressão genética tardia e está envolvida na supressão do RNAi; a proteína AC4 para a determinação da gama de hospedeiros, a gravidade dos sintomas e o movimento do vírus; a proteína do revestimento (AV1) para a encapsidação e a transmissão por insectos e a proteína do pré-revestimento (AV2) para a acumulação do vírus e o desenvolvimento dos sintomas (exceto os begomovírus do Novo Mundo).

O ADN-B codifica a proteína de transporte nuclear (BV1) e a proteína de movimento (BC1), ambas vitais para uma disseminação sistémica eficiente e para a expressão dos sintomas (Hanley-Bowdoin et al. 1999; Pant et al. 2001).

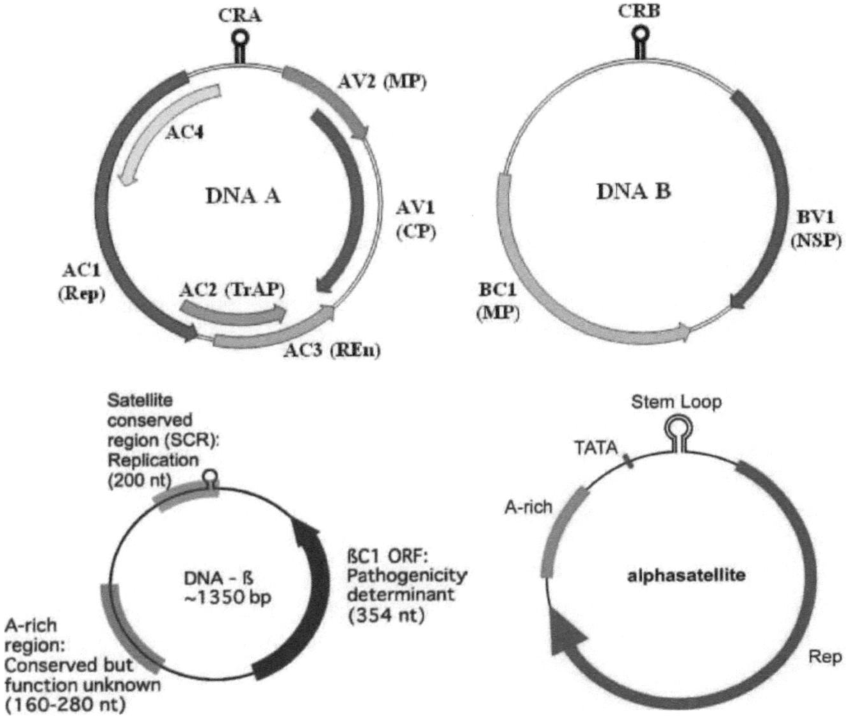

Fig. 10. Organização genómica do begomovírus e das suas moléculas satélite.

Tabela 3. Ordem das ORF (genes) nos componentes DNA-A e DNA-B dos begomovírus com os seus produtos proteicos putativos e função prevista.

ORF	**Peso molecular previsto (kDa)**	**Proteína putativa**	**Função prevista**
AV1	30.0	Proteína do revestimento (CP)	Encapsulamento
AV2	13.0	Proteína da pré-capa	Proteína de movimento célula a célula
AC1	40.0	Proteína de iniciação da replicação (Rep)	Início da replicação
AC2	17.0	Proteína activadora da transcrição (TrAP)	Activadores da transcrição de ORFs para a direita, supressor de PTGS
AC3	15.0	Proteína de reforço da replicação (REn)	Melhoria da replicação
AC4	6.0	Proteína C4	Supressor de PTGS,

			Replicação viral
AC5	18.0		Replicação viral
BV1	29.0	Proteína de transporte nuclear	Tráfico nuclear (NSP)
BC1	32.0	Proteína do movimento (MP)	Movimento célula a célula, determinante da patogenicidade

Verificou-se que um novo componente, designado por DNA-βsatélites, está associado à maioria dos begomovírus monopartidos, com um tamanho aproximado de 1,3 kb e que depende inteiramente do vírus auxiliar para a sua replicação, encapsidação e movimento célula a célula (Briddon et al., 2003). No Velho Mundo, a maioria dos begomovírus tem genomas monopartidos e a maioria deles está associada aos satélites de ssDNA moduladores de sintomas como DNA-β (Shahid et al., 2009).

Alguns componentes de ADN semelhantes aos dos nanovírus, conhecidos como alfa-satélites (ADN 1), também foram registados em muitos complexos de doenças causadas por begomovírus (Briddon et al., 2004). Os componentes alfa-satélites são satélites de ADN de cadeia simples associados aos begomovírus e estão estreitamente relacionados com os componentes codificadores da "proteína associada à replicação (Rep)" dos nanovírus e requerem a molécula betasatélite para induzir sintomas autênticos da doença em alguns hospedeiros. Os componentes do alfasatélite codificam um único gene, uma proteína iniciadora da replicação em círculo rolante, e são capazes de replicação autónoma em células vegetais para se propagarem tanto dentro como entre plantas hospedeiras (Shahid et al., 2009).

VÍRUS DO CACHO DA BANANEIRA

O Banana bunchy top virus (BBTV) é um vírus de ADN circular de cadeia simples (css) que pertence ao género *Babuvirus* da família *Nanoviridae*. O BBTV é responsável pela doença viral mais devastadora da bananeira, conhecida como doença do cacho. Quando a doença se instala, é muito difícil de controlar ou gerir. A doença do topo do cacho é considerada a doença viral mais grave que afecta a banana em todo o mundo (Wardlaw, 1961; Dale, 1987).

Fig. 11. Sintomas naturais da doença do topo do cacho na bananeira.

Organização do genoma do BBTV

O genoma integral do BBTV compreende pelo menos seis moléculas de ADN circular de cadeia simples (css) que se encontram consistentemente em todos os isolados geográficos do vírus (Karan *et al.*, 1994). Cada um destes cssDNA tem aproximadamente 1 kb de tamanho e está individualmente encapsulado num virião icosaédrico com cerca de 18-20 nm de diâmetro (Harding *et al.*, 1991; Burns *et al.*, 1995). Estes cssDNA eram inicialmente conhecidos como DNA-1 a -6, mas recentemente foram renomeados como DNA-R, -U3, -S, - M, -C e -N, respetivamente, para melhor representar as funções das suas proteínas codificadas (Vetten *et al.*, 2005).

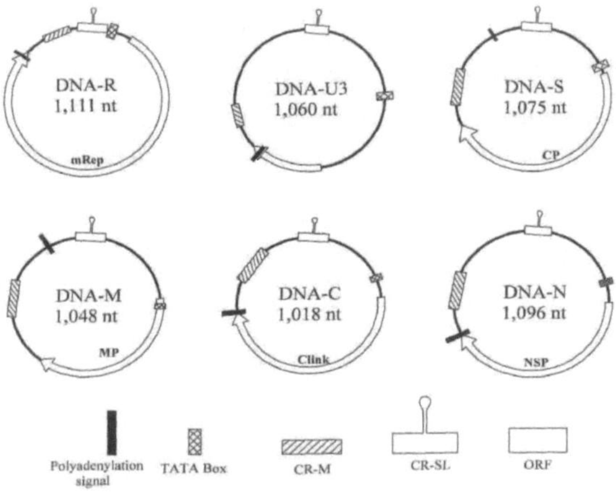

Fig. 12. Organização do genoma do BBTV mostrando seis componentes, cada um deles com sinal de poliadenilação (Poly A), caixa TATA, região comum principal (CR-M), região comum de laço de caule (CR-SL) e uma ORF, ou seja proteína iniciadora da replicação principal (M-Rep) no ADN-R, gene de função desconhecida no ADN-U3, gene da proteína do capsídeo (CP) no ADN-S, gene da proteína de movimento (MP) no ADN-M, gene da proteína de ligação do ciclo celular (Clink) no ADN-C e gene da proteína de transporte nuclear (NSP) no ADN-N.

Quadro 4. A dimensão e a função dos seis componentes são resumidas.

Nome do componente	Tamanho (nt)	Tamanho da ORF (nt)	Proteína prevista (aa/kDa)
ADN-R	1,111	858 126	Rep. 286/33,49 * 42/5.1
ADN-U3	1,060	231	* 77/9.0
ADN-S	1,075	525	CP 175/19.46
ADN-M	1,048	351	MP 117/13.72
ADN-C	1,018	483	Clink 160/18,82
ADN-N	1,096	468	NSP 156/17.58

Utilização de abreviaturas: *Rep=proteína de iniciação da replicação; CP=proteína do revestimento; MP=proteína do movimento; Clink=proteína de ligação do ciclo celular; NSP=proteína do vaivém nuclear; *proteína de função desconhecida*

VÍRUS DA ESTRIA DA BANANEIRA

O Banana streak virus (BSV) pertence à família *Caulimoviridae* e ao género *Badnavirus*. O BSV é um pararetrovírus vegetal que causa a doença das estrias da bananeira. Foi detectado pela primeira vez na Austrália, em 1992, na cultivar de bananeira Mysore. O BSV causa a doença em muitas cultivares de bananeira. A qualidade da banana é afetada pela infeção e as perdas económicas são significativas. O vírus provoca o aparecimento de sementes nos frutos da planta infetada e esses frutos não têm valor de mercado. Na fase inicial, os sintomas assemelham-se à doença do mosaico da bananeira causada pelo CMV. No entanto, mais tarde, desenvolvem-se estrias necróticas, que não ocorrem nas plantas infectadas pelo mosaico da bananeira. A estria da bananeira pode reduzir o crescimento e o vigor da planta, o peso do cacho e o rendimento. O BSV é transmitido pela cochonilha dos citrinos, *Planococcus citri* (Lockhart e Olszewski 1993; Greening *et al.*, 2005)

Organização do genoma do BSV

O BSV tem partículas baciliformes não envelopadas de tamanho 130-150 x 30 nm, contendo um genoma circular de ADN de cadeia dupla de 7,4 a 8,0 kb com três quadros de leitura abertos (ORF). As duas ORFs codificam potencialmente duas pequenas proteínas (ORF 1 codifica 22 kDa, ORF 2 codifica 14 kDa) de função desconhecida. A terceira ORF codifica 210 kDa, uma poliproteína que é clivada proteoliticamente para produzir a proteína de revestimento viral, que contém uma região com homologia a um domínio de ligação ao ARN, juntamente com regiões com homologia à protease aspártica (AP), à transcriptase reversa (RT) e à RNase H (RH). Estas caraterísticas, juntamente com um potencial local de ligação ao ARNt, sugerem que os badnavírus são pararetrovírus (Harper e Hull, 1998).

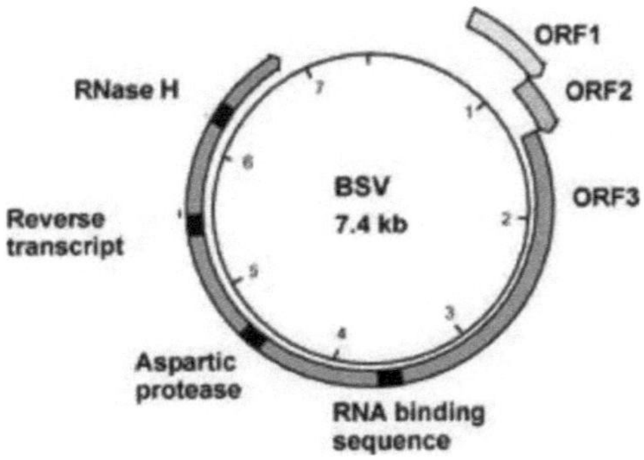

Fig. 13. Organização genómica do BSV (Banana streak virus)

6. SINTOMAS DOS VÍRUS DAS PLANTAS

Os sintomas induzidos pelos vírus das plantas são geralmente mosaico, manchas necróticas, distorções foliares, bolhas, enação, rede de nervuras amarelas, enrolamento das folhas e atrofiamento de toda a planta, menor floração e frutificação em comparação com as plantas saudáveis. Alguns tipos comuns de sintomas são os seguintes

Mosaicos e manchas

Os padrões de pigmentação mais clara e mais escura são referidos como mosaicos ou manchas. As áreas de pigmentação mais clara podem ser verde-pálidas, amarelas ou brancas e são causadas pela diminuição da clorofila, pela diminuição ou destruição dos cloroplastos ou por outros danos no sistema de clorofila. *O vírus do mosaico do tabaco* (TMV) é um exemplo clássico de um vírus que pode produzir mosaico em hospedeiros infectados sistemicamente.

Fig. 14. Sintomas de mosaico no tabaco.

Riscas e estrias

Quando os mosaicos ocorrem em monocotiledóneas, a propagação das alterações de pigmentação é limitada pela venação paralela das folhas.

Assim, o mosaico aparece como uma risca ou estria em segmentos curtos (quebrados) ou pode estender-se a todo o comprimento da folha. Muitos vírus dos cereais, como o *Wheat streak mosaic virus* (WSMV) ou *o Maize dwarf mosaic virus* (MDMV), produzem estrias ou riscas.

Pontos de anel e padrões de linha

As manchas anelares formam-se como círculos concêntricos de tecido clorótico ou necrótico. *O Papaya ring spot potyvirus* e *o Tomato spotted wilt virus* (TSWV) produzem manchas anelares vivas em muitos hospedeiros.

Fig. 16. Sintomas da mancha anelar na folha e no fruto da papaia

Colocação de bandas nas veias

As faixas de veias ocorrem quando se formam áreas de pigmentação intensa ao longo das nervuras das folhas. Normalmente, estas zonas aparecem como faixas verde-escuras ao longo das nervuras principais das folhas.

Vírus do mosaico das nervuras amarelas

Inicialmente estrias amarelas claras ao longo das nervuras mais pequenas, mais tarde todas as nervuras se tornam amarelas dando uma rede amarela de nervuras. Clorose das zonas interveinais, redução do tamanho das folhas e frutos pequenos e fibrosos. Ex. *Bhindi yellow vein mosaic virus*

Fig. 18. Sintomas do mosaico das nervuras amarelas em Bhindi

Desobstrução de veias

A clorose nas nervuras é uma perda de pigmentação (clareamento ou translucidez do tecido) nas nervuras e pode ser melhor observada permitindo que a luz brilhe através da folha (Hull, 2002). A clorose ao longo das nervuras pode ser de diferentes formas, como: restrita à nervura da folha, começando na nervura mediana e espalhando-se num padrão mais difuso para partes adjacentes da folha e ocorrendo como manchas ao longo da nervura principal. Ex. *Petunia vein clearing virus*

Fig. 19. Sintomas de limpeza de veias em abóbora

Enrolamento de folhas

A infeção por vírus pode resultar no enrolamento das folhas, geralmente para cima, mas ocasionalmente para baixo. A epinastia pronunciada (curvatura descendente das folhas) pode por vezes ser uma caraterística proeminente. Ex. *Tomato leaf curl virus.*

Fig. 20. Sintomas de enrolamento da folha no tomateiro

Doenças necróticas

A morte de tecidos, órgãos ou de toda a planta é a principal caraterística de algumas doenças. Os padrões necróticos podem seguir as nervuras à medida que o vírus se desloca para a folha. Nalgumas doenças, toda a folha é morta. Por exemplo, com infecções conjuntas do *Potato virus X* (PVX) e do *Potato virus Y* (PVY) no tomateiro, aparecem estrias necróticas no caule. O murchamento das partes que estão prestes a tornar-se necróticas precede, muitas das vezes, uma doença necrótica sistémica.

Fig. 21. Sintomas necróticos no tabaco

Doenças amarelas

Os vírus que causam um amarelecimento geral das folhas não são tão numerosos como os que causam as doenças do mosaico, mas alguns, como os vírus que causam o amarelo na beterraba sacarina, têm uma importância económica considerável. O primeiro sinal de infeção é, geralmente, um clareamento ou amarelecimento das nervuras nas folhas mais jovens, seguido de um amarelecimento geral ou avermelhamento das folhas.

Fig. 22. Sintomas de doenças amarelas em cucurbitáceas

Enzimas venosas

Os sintomas nas folhas vão desde o inchaço das nervuras até às projecções visíveis na superfície inferior. Ex. *O Ageratum enation virus* (AgEV) produz sintomas de enação das nervuras nas folhas.

Fig. 23. Sintomas de encefalite no algodão

Distorção

As alterações na lâmina das folhas do hospedeiro resultam em áreas que são torcidas, deformadas ou distorcidas. As deformações podem ser descritas como bolhas, borbulhas, rugosidade ou torção. *O Bean pod mottle virus* (BPMV) produz distorção nas folhas de soja infectadas.

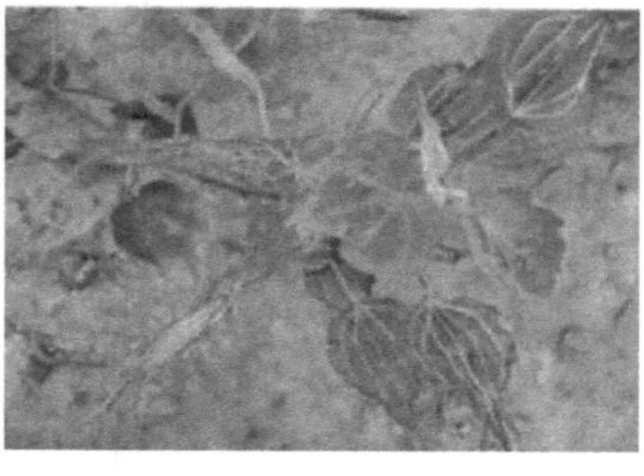

Fig. 24. Sintomas de distorção foliar no algodão

Anão e atrofiamento

A redução do tamanho da planta hospedeira infetada (atrofiamento ou nanismo) pode ser um dos sintomas mais proeminentes resultantes de uma infeção viral. O nanismo e o atrofiamento ocorrem como resultado da redução do crescimento devido à infeção. Alguns vírus provocam apenas um ligeiro atraso no crescimento da planta, enquanto outros afectam drasticamente o hospedeiro. O raquitismo pode incluir alterações no tamanho de todas as partes da planta, como as folhas, para além da altura. O raquitismo que inclui o encurtamento dos entrenós é frequentemente designado por raquitismo arbustivo. Ex. *Vírus do nanismo do arroz* e *vírus do nanismo da soja*

Fig. 25. Mostrando o nanismo e o atrofiamento da planta de arroz infetada pelo vírus em comparação com a planta saudável

7. CARACTERIZAÇÃO DE VÍRUS DE PLANTAS

É necessária para a classificação e identificação dos vírus. Muitas caraterísticas são utilizadas para classificar os vírus em famílias, géneros e espécies.

1. **Morfologia das partículas:** A forma e o tamanho das partículas, vistos ao microscópio eletrónico, ajudam a compreender o tipo de vírus.

2. **Propriedades biológicas:** Podem incluir o tipo de hospedeiro, a gama de hospedeiros e também o modo de transmissão do vírus.

3. **Propriedades serológicas:** O parentesco da proteína/es do virião.

4. **Propriedades genómicas:** Isto inclui o número de componentes do genoma e a sua estratégia de tradução. O grau de parentesco das diferentes sequências é frequentemente um fator importante na diferenciação entre espécies.

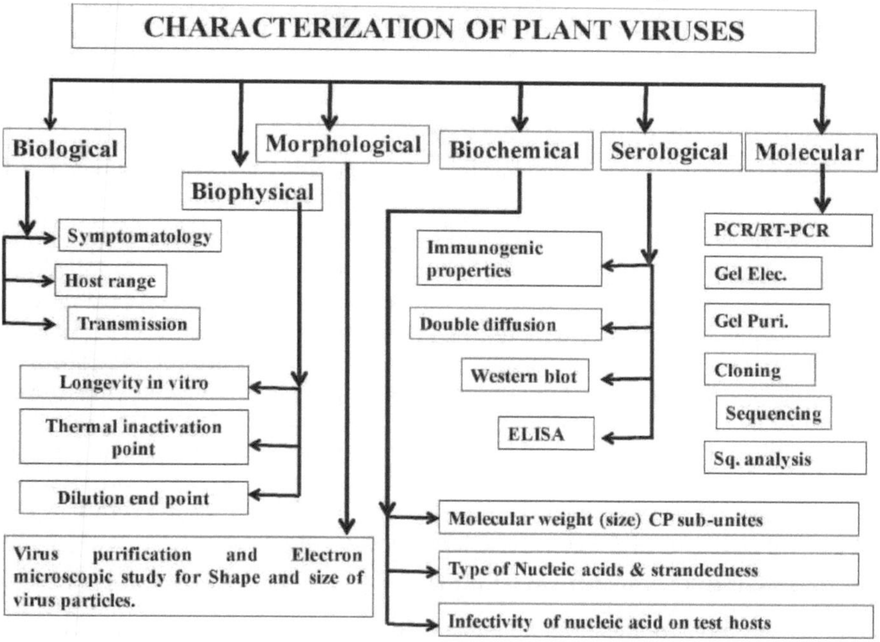

Fig. 26. Fluxograma comum para a deteção, identificação e caraterização de vírus de plantas

8. PROTOCOLOS DE DETECÇÃO E IDENTIFICAÇÃO DE VÍRUS DE PLANTAS PROTOCOLOS DE CARACTERIZAÇÃO BIOLÓGICA

Levantamento e recolha de materiais vegetais

As plantas infectadas naturalmente apresentavam mosaico grave, ondulação, bolhas, manchas verde-amarelas e malformação e redução de tamanho nos diques. As plantas gravemente doentes tiveram uma floração fraca e não produziram frutos quando comparadas com as plantas saudáveis, sendo recolhidas para deteção e identificação do vírus.

As culturas de vírus utilizadas para o estudo do vírus podem ser colhidas de espécies de plantas naturalmente infectadas em viveiros, jardins e campos agrícolas e mantidas em estufas à prova de insectos. As estacas vegetativas foram enraizadas com a hormona Rootex-L (Himedia, EUA) e mantidas em vasos de barro.

Criação e manutenção de espécies experimentais de ensaio

O meio de envasamento foi preparado misturando areia, solo e estrume de quinta numa proporção de 1:1:1. Os vasos de barro e a mistura de solo foram esterilizados por autoclavagem durante 1 hora a 121° C e 15 lb. por polegada quadrada.

As plântulas foram cultivadas em vasos de terra pouco profundos de 12 polegadas (diâmetro) e transplantadas para vasos de 6 polegadas de diâmetro na fase de 3-4 folhas. As plantas pertencentes às famílias *Leguminosae* e *Cucurbitaceae*, como o feijão, o pepino, a cabaça, etc., foram cultivadas diretamente a partir de sementes em vasos. As plântulas da família *Solanaceae*: tabaco, tomate, beringela e malagueta foram cultivadas em vasos de terra pouco profundos e transplantadas para vasos na fase de 4-5 folhas. Todas as plantas de ensaio foram mantidas numa estufa à prova de insectos, com luz e temperatura controladas. As culturas de vírus foram também mantidas por inoculação mecânica em *N. tabacum* cv. White Burley e Petit Havana saudáveis no estádio de 3-4 folhas, com intervalos de 35-45 dias.

Gama de hospedeiros e sintomatologia

Os sintomas são o passo inicial no diagnóstico da doença. Alguns sintomas indicam que o vírus infetante pertence a um determinado grupo de vírus. Alguns vírus têm uma gama específica de hospedeiros que pode ajudar muito na sua identificação.

No entanto, são insuficientes porque:

- Os sintomas podem resultar da infeção por mais do que um vírus.
- Diferentes vírus podem causar individualmente os mesmos sintomas no mesmo hospedeiro.
- Os sintomas podem variar consoante a cultivar do hospedeiro.

- Os sintomas podem ser influenciados pelas condições ambientais.
- Muitas plantas são portadoras de vírus vegetais mas não apresentam sintomas de doença.

Cinco plantas de cada espécie de teste foram avaliadas quanto à suscetibilidade ao(s) vírus(s) da espécie de planta através de inoculação mecânica/transmissão por insectos. Todas as plantas de ensaio utilizadas para os estudos da gama de hospedeiros eram plântulas jovens na fase de 3-4 folhas. As plantas após a inoculação foram observadas e os sintomas registados até seis semanas após a inoculação. Algumas plantas que não produziram sintomas foram utilizadas como inóculo para a inoculação posterior em espécies de Jatropha para verificar a existência de infeção latente.

Quadro 5. Plantas hospedeiras (indicadoras ou sistémicas)

Família	Plantas hospedeiras
Amarantheceae	*Gampharena globosa*
Cannáceas	Canna
Caryophyllaceae	*Dianthus barbatus*
Chenopodiaceae	*C. amaranticolor, C. murale, C. quinoa, C. album*
Compositae	*C. morifolium*
Cucurbitáceas	*C. sativus, Cucurbita maxima, Luffa cylindrical*
Leguminosae/Papilionoidae	*Glycine max*
Fabáceas	*Vigna unguiculata, Phaseolus vulgaris*
Solanáceas	*Capsicum annuum, Datura innoxia, Lycopersicon esculentum, Nicotiana tabacum* cv. White Burley, *N. tabacum* cv. Petit Havana, *Nicotiana tabacum* Samsun NN, *N. rustica, N. benthamiana, N. glutinosa, híbrido de Petunia, Solanum melongena, Hyoscyamus muticus*

PROTOCOLOS DE TRANSMISSÃO DE VÍRUS

Uma vez que os vírus são parasitas obrigatórios, causam frequentemente a morte dos seus hospedeiros, é necessário que se propaguem de planta em planta e que sejam introduzidos nas células vivas. A propagação do vírus é designada por transmissão. Os organismos envolvidos na sua transmissão são chamados vectores de vírus.

Os vírus das plantas não penetram na cutícula intacta da planta. Por esta razão, os vírus não se dispersam como tal pelo vento ou pela água, mesmo quando são transportados na seiva das plantas. Geralmente, não causam infecções, a menos que entrem em contacto com o conteúdo de uma célula viva ferida. Os vírus, no entanto, são transmitidos de várias maneiras: Mecânica, enxertia, propagação vegetativa, sementes e pólen, cuscuta e insectos vectores.

Transmissão mecânica por seiva

O tecido foliar infetado neoformado foi macerado em tampão fosfato de potássio 0,1M, pH 6,8 (suplementado com 0,5% de β-merceptoetanol, 0,1% de ácido tioglicólico, 0,01M de EDTA, 0,1% de Na2SO3 e 0,01M de aditivos DIECA) numa proporção de 1:10 (p/v) para cada unidade de peso de tecido, utilizando um pilão e almofariz esterilizados.

O homogenato obtido, depois de espremido através de um pano de musselina de dupla camada, foi esfregado em folhas pré-poeiradas de carborandum de várias espécies hospedeiras receptoras, tal como descrito anteriormente por Noordam (1973).

- Os sintomas em redor do local de inoculação do vírus são designados por sintomas locais.
- Quando o vírus se dissemina a partir do local de inoculação e causa sintomas noutras partes da planta, é designado por sintomas sistémicos.

Fig. 27. Lesões locais em várias espécies hospedeiras obtidas após inoculação do isolado do vírus. *Chenopodium amaranticolor* (a), *C. album* (b) e *Nicotiana rustica* (c).

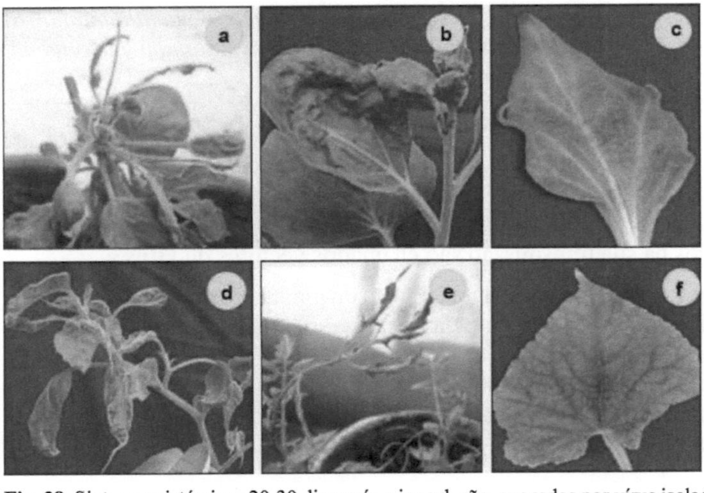

Fig. 28. Sintomas sistémicos 20-30 dias após a inoculação, evocados por vírus isolados em diferentes espécies

de ensaio. (a) Folha em cordão em *Nicotiana glutinosa*, (b) mosaico e deformação da folha em *N. banthamiana*, (c) Sintomas semelhantes aos do mosaico em *Hyoscyamus muticus*, (d) mosaico grave após estreitamento da folha em *Datura innoxia*, (e) cordão em *Solanum lycopersicum*, (f) e mosaico em Cucumis *sativus*.

Transmissão por insectos vectores

A transmissão de um vírus por insectos é um processo biológico específico. Muitos vírus são transmitidos naturalmente por insectos vectores. Este é o método de transmissão de vírus mais comum na natureza. A maioria destes vectores são insectos sugadores. Os afídeos transmitem mais vírus do que qualquer outro grupo de insectos, seguidos das moscas brancas, cigarrinhas, tripes e escaravelhos. Os ácaros, embora não sejam realmente insectos, estão incluídos nesta categoria devido à sua importância como vectores de alguns vírus. Os afídeos e as moscas brancas transmitem uma série de vírus ARN e ADN na natureza.

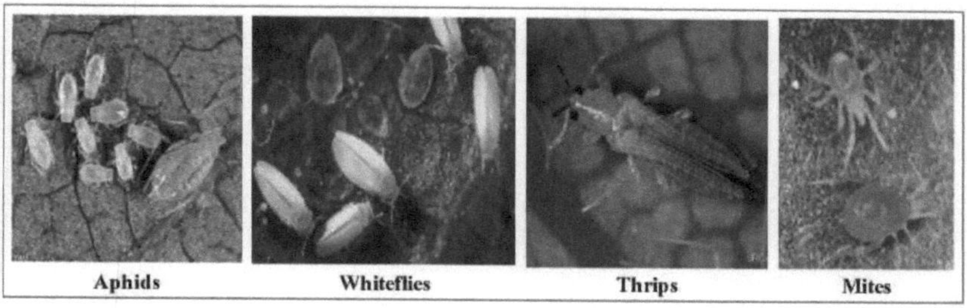

Fig. 29. Mostrando vários insectos vectores.

Transmissão não persistente:

- São necessários menos de um minuto de alimentação para que um pulgão adquira o vírus e pouco tempo para infetar outra planta quando se alimenta.
- Os vírus permanecem viáveis nas peças bucais dos afídeos apenas durante algumas horas.
- O pulgão perde o vírus das suas peças bucais quando se alimenta.
- Estes vírus são designados por "vírus transmitidos pelos estiletes" (por exemplo, PVY).

Transmissão persistente ou circulatória:

- São necessárias várias horas de alimentação para que um pulgão adquira um vírus.
- O vírus tem de circular através do corpo do afídeo até às glândulas salivares para que a transmissão possa ocorrer. Este período é de pelo menos 12 horas.
- Os vírus são adquiridos e transmitidos durante períodos mais longos. que podem persistir durante toda a vida do inseto (por exemplo, PLRV).

Transmissão não persistente através de afídeos

Os afídeos (*Aphis gossypii* Glover e *Myzus persicae*, família *Aphididae*) passaram fome durante 2 h e, em seguida, foi-lhes permitido o acesso de aquisição a uma folha infetada da planta durante 2-3 min. Os pulgões foram então transferidos para cinco plantas saudáveis (10 pulgões/planta) para alimentação por inoculação e tiveram um acesso de inoculação de 2 h, antes de serem sacrificados com 0,1% de inseticida Confidor (Bayer Crop Science Ltd., Índia) (Noordam 1973). As plantas foram então mantidas numa gaiola à prova de insectos e observadas durante seis semanas para verificar o desenvolvimento de sintomas, se os houvesse.

Transmissão da mosca branca

As moscas brancas (*Bemisia tabaci*) são pequenos insectos de 1 a 3 mm de comprimento, em média, com dois pares de asas brancas colocadas numa posição semelhante a um telhado sobre o corpo. As moscas brancas alimentam-se das superfícies inferiores das folhas sugando a seiva com as suas peças bucais sugadoras.

Fig. 30. População de moscas brancas a alimentar-se da folha.

As moscas brancas tornaram-se um dos problemas mais graves das culturas. Várias espécies de mosca branca causam perdas nas culturas através da alimentação direta. Necessita de 24 horas para adquirir o vírus e de 1 hora para o transmitir. *A Bemisia tabaci* e *a B. argentifolii* transmitem *o mosaico dourado do feijão, o mosaico africano da mandioca, o mosaico anão do feijão*, o *enrolamento amarelo das folhas do tomateiro, o vírus do míldio do tomateiro* e outros Begomovírus, da família Geminiviridae.

As moscas brancas não virulíferas (*Bemisia tabaci*, família *Aleyrodidae*) foram mantidas em *Clitoria ternatea.* As moscas adultas de *C. ternatea* foram colocadas em gaiolas com *C. ternatea* saudável. Os adultos foram removidos após 10 dias e as moscas brancas jovens que se desenvolveram a partir dos ovos foram utilizadas para estudos de transmissão.

Manuseamento da mosca branca

Armadilha: Um pedaço de tecido de musselina foi atado numa extremidade de um tubo de vidro oco com 15 cm de comprimento e 5 cm de diâmetro. Para apanhar as moscas brancas, a extremidade aberta do tubo de vidro foi aproximada da mosca branca e o ar foi aspirado através da extremidade coberta. Neste tipo de armadilha, podem ser apanhadas aproximadamente 100 moscas brancas de uma só vez.

Aquisição e inoculação da gaiola de alimentação

O teste de transmissão da mosca branca em cada caso foi o seguinte: uma gaiola de plástico com uma tampa amovível numa das extremidades foi utilizada como gaiola de aquisição e alimentação. Numa das extremidades, foi colocada uma rede de arame (capaz de reter as moscas brancas). Foi feito um orifício (de 2-3 cm de diâmetro) no centro da tampa. Na altura de utilizar a gaiola, pegou-se num frasco cónico e encheu-se com água ou solução de Hoagland. Colocou-se a tampa do recipiente no frasco e passou-se um galho de uma planta infetada da espécie Jatropha através da abertura da tampa, de modo a mergulhá-lo na solução de Hoagland. Em seguida, fez-se um recipiente com moscas brancas para cobrir o galho sobre a tampa do recipiente já colocado no frasco cónico.

Após a alimentação, o recipiente foi retirado e o galho foi batido lentamente de modo a perturbar as moscas brancas, que depois se acumularam nas paredes do recipiente. Estas moscas brancas virulíferas no recipiente tiveram acesso a plântulas saudáveis da espécie Jatropha (acesso de inoculação) na fase de 3-4 folhas. O recipiente com moscas brancas foi colocado sobre o galho de plântulas saudáveis de espécies de Jatropha, da mesma forma que foi feito inicialmente para permitir o acesso das moscas brancas às plantas doentes, cobrindo o recipiente com um pano ou papel escuro ajudou a forçar as moscas brancas a instalarem-se e a alimentarem-se nas folhas das plântulas.

Fig. 31. O sintoma de mosaico da nervura amarela obtido após a transmissão da mosca branca em *Jatropha gossypifolia* (a), amarelecimento ligeiro e clorose em *J. curcas* (b), enrolamento da folha em *Lycopersicon esculentum* (c) mosaico ligeiro em *Cajanus cajan* (d) enrolamento da folha em *N. tabaccum,* cv. White Burley (e) e nervura amarela em *N. glutinosa* (f) após 25-30 dias de inoculação

Teste de transmissão do enxerto

A enxertia é considerada um método universal de transmissão de vírus, uma vez que os vírus sistémicos podem ser transmitidos por enxertia. A enxertia é particularmente útil para a transmissão de vírus restritos ao floema que não podem ser transmitidos mecanicamente e para vírus encontrados em baixas concentrações. A transmissão de vírus por enxertia pode não ser 100% eficaz se o vírus não for capaz de atravessar a união do enxerto. *Potato leaf roll virus* (PLRV) (Khan, 2006).

Utilizou-se uma lâmina cirúrgica afiada para fazer uma cunha em 'V' (0,5-1 cm) no lado do caule da planta sã. Na planta sã, o enxerto foi feito na parte inferior do caule. A cunha foi feita no eixo do ramo infetado da espécie vegetal. O enxerto utilizado na enxertia foi aparado para dar uma forma de cunha e para o tornar exatamente do mesmo tamanho e forma da abertura. Com as duas camadas de câmbio a coincidir, o enxerto foi batido para baixo, firmemente colocado no lugar e atrofiado ligeiramente para fora na parte superior, de modo a que a camada de câmbio se cruzasse e também ligasse essa parte com parafilme.

Foi registada a incidência do vírus e dos sintomas da doença nas espécies vegetais até aos 25-30 dias. A experiência foi realizada em condições à prova de insectos.

Fig. 32. Mostrando enxertia em mandioca a partir de *Jatropha gossypifolia.*

Transmissão de sementes

Foram também efectuados testes de transmissão de sementes para verificar se o vírus é ou não transmissível por sementes. Para o efeito, foram colhidas sementes maduras de plantas de Jatropha naturalmente infectadas, que foram semeadas em vasos cheios de terra esterilizada para germinação. Os vasos foram mantidos em condições à prova de insectos numa estufa para a observação dos sintomas da doença até à fase de floração.

Cuscuta Transmissão

As sementes de *cuscuta* (*Cuscuta reflexa* Roxb. e *C. subinclusa* Lam.) foram germinadas em papel de filtro húmido colocado em placas de Petri e depois transferidas para vasos de barro de 4", esterilizados com formalina (4%) e contendo uma mistura de solo esterilizado. Quando as plantas de cuscuta tinham cerca de 15 cm de comprimento, foram plantadas numa planta hospedeira adequada suscetível ao vírus e as plantas hospedeiras (nas quais a cuscuta foi plantada) foram inoculadas após uma semana. Depois de a cuscuta se ter estabelecido nas plantas inoculadas, foi colocada uma planta de ensaio saudável noutro vaso, perto do vaso, num fundo mais baixo do que o da planta inoculada e à sombra (tendo a planta inoculada com a cuscuta estabelecida nela e as pontas dos ramos da cuscuta sido destacadas e colocadas na axila da planta de ensaio saudável) e deixou-se que se estabelecesse aí.

A planta infetada com o vírus foi mantida na parte inferior mais alta e à luz brilhante, enquanto a planta de teste foi mantida na parte inferior e à sombra. As plantas foram deixadas assim durante cerca de 2 meses para desenvolverem os sintomas.

PROTOCOLOS DE PROPRIEDADES BIOFÍSICAS

A propriedade física utilizada na deteção e identificação de vírus é a base morfológica (forma e tamanho), utilizando a microscopia eletrónica. Os vírus podem ser visualizados através de colorações negativas de extractos de seiva ou soluções de vírus purificados, secções finas de tecido infetado para localizar o vírus na estrutura celular e microscopia eletrónica imuno-específica que combina microscopia eletrónica e serologia para capturar partículas de vírus em grelhas revestidas de microscópio eletrónico.

Outras propriedades físicas que têm sido classicamente utilizadas para identificar vírus medem a estabilidade da partícula fora do hospedeiro. Estas propriedades incluem o ponto de inativação térmica, a temperatura à qual um vírus perde toda a infecciosidade; a longevidade in vivo, o período de tempo que um vírus pode ser mantido na seiva antes de perder a sua infecciosidade; e o ponto final de diluição, a maior diluição de seiva à qual o título do vírus é capaz de causar infeção num hospedeiro suscetível.

Microscopia eletrónica

A utilização da microscopia eletrónica (ME) para a deteção de vírus de plantas que ocorrem em concentrações relativamente elevadas e que têm partículas alongadas ou em forma de bastonete é rápida e fácil através da técnica de "imersão foliar". As preparações purificadas são necessárias para partículas esféricas que só podem ser observadas em grandes ampliações.

Uma grelha de cobre revestida de carbono com suporte de Formvar (400 mesh, Canemco and Marivac Inc., Canadá) foi revestida com seiva bruta de tecido foliar infetado (para preparações de imersão em folhas) ou 50 µl de preparação de vírus purificada durante 2 minutos e lavada com tampão fosfato 10 mM (pH 7,0) seguido de água esterilizada. As partículas de vírus foram coradas negativamente com 5-6 gotas de acetato de uranilo a 2% (em água). O excesso de coloração foi absorvido com um pedaço de papel de filtro limpo e a grelha deixada a secar ao ar. Finalmente, as grelhas foram observadas num microscópio eletrónico de transmissão (Philips modelo 420, EUA) com uma ampliação de 80 000-1 00 000 e fotografadas com um sistema informático assistido.

Purificação do vírus/es

O vírus do mosaico do pepino foi purificado a partir de *N. tabacum* cv. White Burley, seguindo o procedimento de Lot et al. (1972) com algumas modificações.

1. 250 g de folhas infectadas (colhidas após uma semana de inoculação) foram maceradas em tampão de extração A numa proporção de 1:3 (p/v).

2. A pasta foi espremida através de um pano de musselina de dupla camada e adicionou-se clorofórmio, gota a gota, até uma concentração final de 20% e agitou-se a frio durante 30 minutos.

3. A solução agitada foi centrifugada a 10.000 rpm num rotor Sorvall GSA durante 15 minutos a 4°C.

4. Adicionou-se gradualmente PEG a 10% e NaCl a 1,5% (p/v) à fase aquosa, com agitação constante no gelo durante 30 minutos, até o PEG se dissolver completamente e, em seguida, centrifugou-se a 10 000 rpm durante 20 minutos a 4°C num rotor Sorvall GSA.

5. O sedimento assim obtido foi ressuspendido em 10 ml de tampão B por agitação durante a noite a 4°C.

6. No dia seguinte, a suspensão foi agitada durante cerca de 1h após a adição do tampão B, para perfazer metade do volume inicial, e centrifugada a 10.000 rpm durante 15 min a 4°C num tubo Sorvall SS 34.

7. O sobrenadante foi então transferido para um tubo de ultracentrifugação com rotor Beckman Ti45 e uma almofada de sacarose a 20% preparada em tampão de borato foi colocada sob o sobrenadante (1:5, v/v) e centrifugada a 40.000 rpm durante 2 horas a 4°C.

8. O sedimento obtido foi ressuspendido em 5 ml de tampão C por agitação durante a noite a 4°C. No dia seguinte, adicionou-se tampão C à suspensão para obter um volume final de 1/10 do volume inicial e agitou-se durante 1 h.

9. O sobrenadante foi centrifugado a 12.000 rpm durante 15 minutos a 4°C num tubo Sorvall SS 34.

10. O sobrenadante límpido foi transferido para um tubo de ultracentrifugação com rotor Beckman Ti70.1 e centrifugado a 40 000 rpm durante mais 2 h a 4 °C. O pellet de vírus assim obtido foi finalmente ressuspenso em 100 µl de tampão C e armazenado a 4°C.

Reagentes:

Tampão A Tampão de citrato de sódio 500 mM, pH 6,5, com EDTA 5 mM e ácido tioglicólico 0,5%, adicionado imediatamente antes da utilização

Tampão B Borato de sódio 5 mM, pH 9,0 com EDTA 0,5 mM e Triton X-100 a 2%

Tampão C Borato de sódio 5 mM pH 9,0 com EDTA 0,5 mM

Estimativa do rendimento do vírus através do espetro de absorção ultravioleta

A quantificação das preparações virais purificadas foi efectuada num espetrofotómetro (Ultrospec 3000, Pharmacia Biotech, Suécia). Os valores de Amax/Amin (A260/A280 e A280/A260) foram calculados para conhecer a percentagem aproximada de ácido nucleico e de proteína e a sua pureza.

PROTOCOLOS SEROLÓGICOS

A maioria dos métodos serológicos baseia-se na precipitação produzida quando os anticorpos (antissoro) e os antigénios (vírus) se combinam e formam uma precipitação visível. O antissoro deve ser preparado a partir de preparações de vírus purificados.

Teste de dupla difusão de Ouchterlony (ODDT)

O ODDT foi efectuado de acordo com a descrição de Noordam (1973). Resumidamente, o gel de agarose a 1% (p/v) foi fundido em tampão de gel, arrefecido a cerca de 60^0C, vertido numa placa de Petri estéril descartável de 90 mm de diâmetro (Axygen, EUA) e deixado solidificar à temperatura ambiente durante cerca de uma hora. Utilizando uma broca de cortiça, cortaram-se 6 poços de 5 mm de diâmetro em torno de um poço central de 5 mm de diâmetro com a ajuda de um padrão pré-desenhado, de forma a que dois poços quaisquer ficassem a 5 mm de distância um do outro.

O antigénio foi preparado macerando folhas infectadas em tampão de extração numa proporção de 1:5 e a lama foi centrifugada durante 5 minutos a 10 000 rpm. As folhas de tabaco saudáveis foram processadas de forma semelhante e consideradas como controlo negativo. A diluição em série do antissoro foi efectuada em conformidade em PBS (pH 7,4). O antigénio e o antissoro foram colocados nos respectivos poços e as placas foram incubadas durante a noite numa câmara húmida à temperatura ambiente. As bandas de precipitina foram observadas e fotografadas sob iluminação oblíqua contra um fundo escuro.

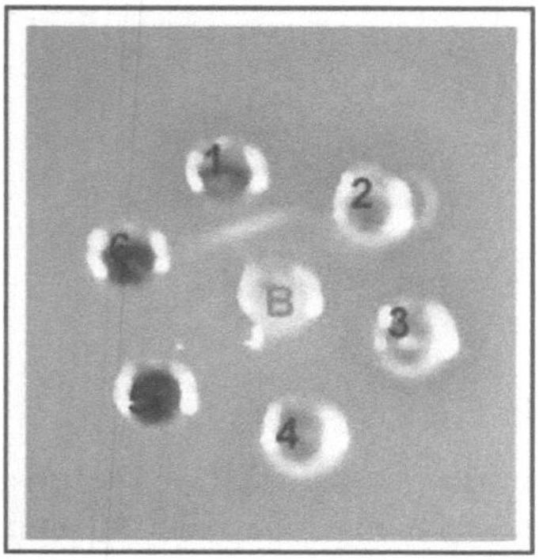

Fig. 33. Identificação serológica do CMV-Ban através dos testes de dupla difusão de Ouchterlony. B: seiva bruta obtida de banana infetada, 1: PVAS 242a (CMV), 2: PVAS 24 (TAV), 3: PVAS 349 (CVB), 4: PVAS 268 (Potyvirus), 5-6: tampão.

Reagentes:

Tampão de gel Tampão fosfato 0,02 M, pH 7,0, contendo 0,85% de NaCl e 0,2% de azida de sódio (p/v)

Extração Tampão fosfato 0,1 M de pH neural suplementado com **tampão** 0,1% de sulfito de sódio

Eletroforese em gel de dodecil sulfato de sódio-poliacrilamida (SDS-PAGE)

Para estimar o peso molecular das subunidades da proteína do revestimento dos vírus/es isolados e a sua presença ou ausência nas plantas em estudo, foi efectuada uma PAGE descontínua com SDS (Maizel 1971) num aparelho vertical Bio-Rad tetra-mini cell (Bio-Rad, EUA). As placas de vidro (10x7 cm) foram limpas com detergente suave, enxaguadas cuidadosamente com água bidestilada e montadas de acordo com as instruções do fabricante.

Adicionar 10 ml de gel de resolução a 12% da seguinte forma:

Mistura de acrilamida a 30% (acrilamida:bisacrilamida: 29:1):		4,00 ml
1,0M TrisCl, pH 8,8	:	3,75 ml
10% FDS	:	0,1 ml
10% APS	:	0,1 ml
TEMED	:	0,004 ml

(Água destilada esterilizada para perfazer um volume de 10 ml)

A mistura fundida foi vertida entre as placas, deixando espaço suficiente para o gel de empilhamento. A solução de acrilamida foi sobreposta ao gel com alguns ml de água destilada esterilizada e deixada a polimerizar durante 30 minutos. A água sobreposta foi drenada após a polimerização completa, sobre a qual foi vertido 5% de gel de empilhamento.

O gel de empilhamento a 5% foi feito adicionando:

Mistura de 30% de acrilamida	:	0,5 ml
1,0 M TrisCl (pH 6,8)	:	0,38 ml
10% SDS	;	0,03 ml
10% APS	;	0,03 ml
TEMED	:	0,003 ml

(Água destilada esterilizada para perfazer um volume de 3 ml)

Um pente de teflon limpo foi imediatamente inserido na solução de gel de empilhamento, evitando bolhas de ar. Verteu-se um pouco mais de solução para preencher completamente os espaços do pente e deixou-se solidificar à temperatura ambiente numa posição vertical.

As amostras foram preparadas adicionando um volume igual de tampão de carregamento de gel SDS (2x) e aquecidas a 100°C durante 3-5 min. O pente foi retirado cuidadosamente e adicionou-se 1x de tampão de elétrodo aos reservatórios superior e inferior do aparelho de eletroforese. Os poços foram cuidadosamente lavados com o tampão utilizando uma seringa hipodérmica para remover qualquer acrilamida não polimerizada. As amostras foram carregadas diretamente nos poços. Os marcadores de peso molecular de proteínas padrão foram também preparados de forma semelhante antes do carregamento. O gel foi colocado a 8V/cm até que a frente do corante se deslocasse para o gel de resolução, após o que a tensão foi aumentada para 15V/cm. A eletroforese foi continuada até o corante de rastreio atingir o fundo do gel de resolução.

O gel foi cuidadosamente removido da placa de vidro e corado com 0,2% (p/v) de Coomassie brilliant blue R-250 ou Ponceau S (Sigma-Aldrich, EUA). O gel foi corado durante pelo menos 1 h, com agitação suave contínua. O gel foi então dissolvido numa solução contendo 16,5% de metanol e 7% de ácido acético para o CBB e apenas com água quando corado com Ponceau S, com mudanças sucessivas até as bandas de proteínas se tornarem claramente visíveis e o fundo ser negligenciável.

Reagentes:

Tampão de carregamento do gel	2x=100 mM TrisCl (pH 6,8), 4% SDS, 0,2% azul de bromofenol, 20% glicerol e 0,2% β-mercaptoetanol (v/v)
Tampão do elétrodo	25 mM Tris, 192 mM glicina, 0,1% SDS
Corante CBB R-250	0,2% (p/v) de Comassie brilliant blue R-250 numa mistura de 10% de metanol e 7% de ácido acético

Imunoensaio Western blot

Os blots foram feitos transferindo a proteína do revestimento do vírus do gel de poliacrilamida SDS para a membrana de nitrocelulose num aparelho de mini-transblot (Bio-Rad, EUA). Após SDS-PAGE, o gel foi embebido em tampão de transferência (20 mM TrisCl, 150 mM glicina, 0,05% SDS (p/v) e 20% metanol, v/v) durante 15 minutos à temperatura ambiente. A membrana de nitrocelulose (Satorius, Gottingen, Alemanha) foi cortada de acordo com o tamanho do gel e mergulhada brevemente no tampão de transferência. O gel e a membrana foram ensanduichados entre o papel de filtro Whatman 3 MM (Whatman Asia Pacific Ltd., Singapura) previamente embebido e as almofadas fornecidas com o aparelho. A sanduíche foi colocada no aparelho que continha o tampão de transferência de forma a que a membrana ficasse virada para o ânodo. A transferência foi efectuada a frio a 15V durante a noite.

Reagentes:

Tampão de transferência 20 mM TrisCl, 150 mM glicina, 0,05% SDS (w/v) e 20% metanol (v/v)

Sondagem da mancha com anticorpo

1. Após a electrotransferência, a mancha foi lavada brevemente com tampão de lavagem, TTBS, e depois incubada em solução de bloqueio durante 2 h à temperatura

ambiente, com agitação contínua.

2. A solução de bloqueio foi descartada e foram adicionados 10 ml de solução de bloqueio fresca.

3. Adicionou-se o anticorpo primário a uma diluição de 1:1000 do soro e incubou-se à temperatura ambiente durante 3 h.

4. O blot foi lavado três vezes com TTBS durante 5-10 minutos cada.

5. Foi adicionado um conjugado de fosfatase alcalina de IgG de cabra anti-coelho (Sigma, EUA) com uma diluição de 1:10.000 vezes em TTBS e mantido durante 3 horas à temperatura ambiente ou durante a noite a 4°C.

6. O blot foi lavado como na etapa 4 para remover o excesso de conjugado e uma vez com tampão de fosfatase alcalina (AP).

7. A mancha foi imersa em 5 ml de tampão de fosfatase alcalina contendo 50 µl de Nitroblue tetrazolium (NBT) e 50 µl de 5-bromo-4-cloro-3-indoil fosfato (BCIP, Sigma, EUA), deixando-se desenvolver a cor durante 10-15 min.

8. A reação foi interrompida pela adição de água destilada duas vezes durante 10 minutos com agitação suave. A membrana foi seca ao ar e armazenada entre papel de 3 mm.

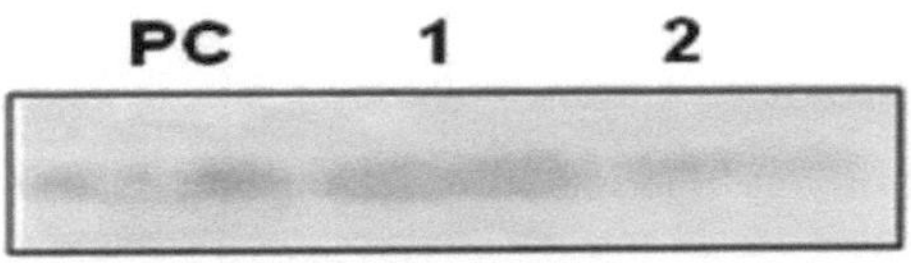

Fig. 34. Imunoensaio Western blot que mostra a presença da proteína de revestimento de 24 kDa na seiva bruta obtida de plantas de tomateiro naturalmente infectadas e inoculadas experimentalmente. PC = Seiva bruta de amaranto infetado com CMV.

Reagentes:

TTBS	50 mM TrisCl, 150 mM NaCl, 0,1% Triton X-100 e 0,05% Tween-20, v/v
Solução de bloqueio	TTBS com 5% de leite seco não gordo (Anik, Índia)
Tampão AP	100 mM TrisCl, 100 mM NaCl, 5 mM $MgCl_2 . 6H_2O$, pH 9,5
NBT	15 mg/ml de stock preparado em 70% de formamida dimetílica (w/v)
BCIP	15 mg/ml de stock preparado em água (w/v)

Ensaio de imunoabsorção enzimática (ELISA)

Para determinar o nível relativo de acumulação de vírus nas cultivares de crisântemo, foi efectuado um ensaio de imunoabsorção enzimática em sanduíche com anticorpos duplos (DAS-ELISA) . Todas as reacções foram realizadas em triplicado para evitar qualquer discrepância experimental, seguindo o protocolo de Srivastava et al. (1992).

1. Revestimento dos poços: 200 µl de anticorpo primário específico do vírus diluído a 1:500 no tampão de revestimento foram adicionados aos poços da placa ELISA de poliestireno (Nunc, Dinamarca) e incubados durante 3 h a 37 °C.

2. Lavagem: Os poços foram lavados 3 vezes durante 3 minutos cada com 300 µl de PBS contendo 0,05% de Tween-20.

3. As amostras foram extraídas na proporção de 1:10 p/v em base de peso fresco em tampão de extração. Foram adicionados 200 µl de amostras aos poços e a placa foi incubada a 4°C durante a noite.

4. A placa foi lavada como na etapa 2.

5. Bloqueio: 300 µl de leite em pó desnatado a 5% dissolvido em PBS-T contendo 2% (p/v) de PVP (polivinilpirrolidona, 40K) foram adicionados aos poços e a placa foi mantida à temperatura ambiente durante 30 min.

6. A placa não foi lavada, mas completamente escorrida.

7. O anticorpo secundário em diluições de 1:10.000 em tampão de conjugado foi novamente adicionado à placa e incubado durante 3 h.

8. Após a lavagem, o substrato (paranitro fenil fosfato) preparado na concentração de 1 mg/ml em tampão de substrato (10% de dietanolamina, pH 9,8 com HCl) foi adicionado às placas e incubado à temperatura ambiente durante 30 minutos para a reação de coloração.

9. A reação foi terminada pela adição de um quarto de volume de NaOH 3 N e a placa foi lida a um comprimento de onda de $A405_{nm}$ num leitor ELISA (Bio-Rad, EUA).

10. A placa foi novamente lida após 1 h e depois deixada durante a noite a 4°C. Finalmente, foram efectuadas as leituras durante a noite.

Reagentes:

Tampão de revestimento (por litro)	1,59 g de Na_2CO_3, 0,2 g de KCl, 1,44 g de Na_2HPO_4, 0,24 g de KH_2PO_4 em 800 ml de água destilada e pH ajustado a 7,4 com HCl
Tampão de extração de proteínas	PBS-T, 2% PVP, 1% sulfito de sódio
Tampão conjugado	PBS-T, 2% PVP, 0,2% Ovalbumina
Tampão do substrato	Dietanolamina a 10%, pH 9,8 ajustado com HCl
Anticorpos	PVAS 242a (CMV) e PVAS 24 (TAV), ATCC, Manassas VA.

Imunoensaio por pontos (DBIA)

O teste de imunoensaio Dot blot foi efectuado em membrana de nitrocelulose, utilizando o anticorpo específico do vírus do pepino para detetar a proteína do revestimento (CP), seguindo o protocolo de Makkouk et al. 1993.

1. O tecido foliar foi triturado (1:5 a (p/v) em tampão de extração pH6,8, contendo 1%

de SDS e 1% de Beta mercaptoetanol.

2. Os extractos de folhas (2ul) ou em concentrações que variam entre 0,25 e 40 ng foram colocados em membrana de nitrocelulose (NC).

3. A membrana foi incubada com tampão de bloqueio, contendo 5% de leite desnatado, durante 1,5 horas.

4. A membrana foi incubada com anticorpo primário específico do vírus durante 3 horas à temperatura ambiente (RT), utilizando duas concentrações do anticorpo primário: 1:500 e 1:1000.

5. Incubação com o anticorpo secundário (IgGs de cabra anti-coelho conjugado com fosfatase alcalina, Sigma, Alemanha) utilizando uma concentração de 1:10.000 durante 3 horas à temperatura ambiente.

6. Após cada passo, a membrana foi lavada três vezes com PBS-Tween 20 (PBS-T)

7. A membrana foi incubada no substrato recentemente preparado: nitroblue tetrazolium (NBT) e 5-bromo-4-cloro-3-indolil fosfato (BCIP).

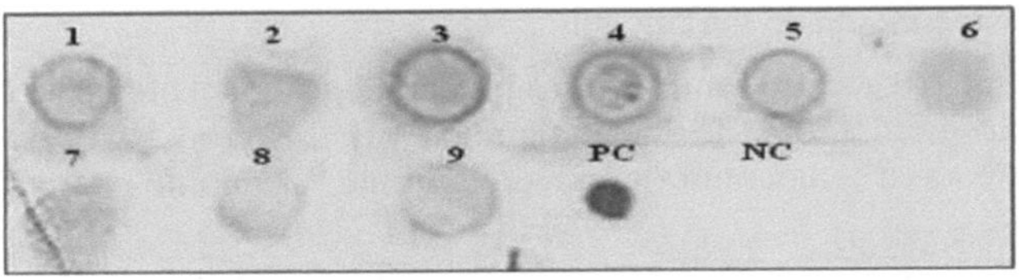

Fig. 35. O teste DBIA mostrou a expressão de CMV- CP, mas nenhum sinal no controlo negativo (NC) (planta de tomate não transformada), PC- vírus CMV purificado .

Reagentes:

TBS- T	50 mM TrisCl, 150 mM NaCl, 0,1% Triton X-100 e 0,05% Tween-20, v/v.
Solução de bloqueio	TBS-T com 5% de leite seco não gordo (Anik, Índia)
Tampão de extração	50mM TrisCl, 1% SDS, 1% βME, pH 6,8
NBT	15 mg/ml de stock preparado em 70% de formamida dimetílica (w/v)
BCIP	15 mg/ml de stock preparado em água (w/v)

PROTOCOLOS MOLECULARES

Extração do ARN total

O ARN total de tecidos de plantas infectadas e saudáveis foi extraído de acordo com o procedimento de Pawlowski et al. (1994), que actua especificamente contra a RNase notória, sendo também igualmente potente para resistir a componentes com elevado teor de polifenóis do tecido vegetal.

1. Triturou-se 1 g de tecido foliar em pó fino em azoto líquido utilizando um almofariz e um pilão previamente arrefecidos até obter um pó fino e adicionou-se 2 ml (p/v) de

tampão de extração e fenol saturado com água (1:1), pré-aquecido a 90⁰C, e a mistura foi agitada em vórtice durante 5 min.

2. A mistura foi centrifugada durante 30 minutos a 4.000 rpm em tubos Sorvall SS 34 à temperatura ambiente.

3. O sobrenadante assim obtido da lama foi transferido para um novo tubo eppendorf e extraído duas vezes com igual volume de clorofórmio.

4. Adicionou-se LiCl 8 M a uma concentração final de 2 M à mistura e precipitou-se o ácido nucleico mantendo a mistura durante a noite a 4^0C.

5. No dia seguinte, a mistura foi centrifugada a 12.000 rpm durante 20 minutos a 4^0C.

6. O sedimento de ácido nucleico obtido foi ressuspenso em 300 µl de acetato de sódio 0,3 M (pH 5,2) e transferido para novos tubos eppendorf.

7. A suspensão foi extraída duas vezes com clorofórmio.

8. O ARN total foi precipitado com 2,5 volumes (v/v) de álcool absoluto, mantendo-o durante a noite a -20^0C.

9. O ARN foi recolhido por centrifugação a 12.000 rpm durante 20 minutos a 4°C.

10. O sedimento resultante foi lavado com etanol a 70% frio, seco sob vácuo e suspenso em água sem nuclease e armazenado em alíquotas a -70°C.

Reagentes:

Tampão de extração	100 mM LiCl, 1% SDS, 100 mM TrisHCl pH 9,0 e 10 mM EDTA
Fenol saturado com água	Fenol destilado agitado com igual volume de fenol durante 30 minutos, permitindo a separação das duas camadas, repetir o processo duas vezes e armazenar à temperatura ambiente
Tampão TE	10 mM TrisCl e 1mM EDTA, pH 7,5

Quantificação do ARN

As amostras de ARN foram quantificadas com um espetrofotómetro (Ultrospec 3000, Pharmacia Biotech, Suécia), medindo a absorvância a A_{260}, A_{280} e A_{320} nm, e a quantidade foi calculada tendo em conta o padrão (DO 1,0 a A_{260} significa 40 µg/ml de ARN). A qualidade da preparação de ARN foi determinada pelo rácio relativo de A_{260}/A_{280}, para o qual o ARN de boa qualidade deve ser de cerca de 1,8 a 2,0.

A qualidade e a integridade de uma pequena quantidade de ARN foram verificadas por eletroforese em gel de agarose a 1% preparado em tampão FA Gel. O rendimento médio de ARN por grama de folhas foi de aproximadamente 120-150 mg.

Transcrição reversa - reação em cadeia da polimerase (RT-PCR)

A lista dos vários iniciadores utilizados para a síntese da primeira cadeia (ADN complementar) e para a amplificação do gene candidato por RT-PCR é apresentada em pormenor no quadro 6.

Quadro 6. Pormenores das sequências de iniciadores utilizadas para a amplificação de diferentes componentes *do vírus do mosaico do pepino*.

Pormenores dos iniciadores específicos do CMV utilizados na RT-PCR		
Gene a ser amplificado	**Sequência do iniciador**	**Tamanho esperado do amplicon**
gene CP	Primário a montante: 5'-GCATTCTAGATGGACAAATCTGAATC-3'	~650 pb
	Primário a jusante: 5'-GCATGGTACCTCAAACTGGGAGCAC- 3'	
gene MP	Primário a montante: 5'-ATGGCTTTCCAAGGTACCA-3'	~850 pb
	Primário a jusante: 5-CTAAAGACCGTTAACCTCC-3'	
Gene RNA 3	Primário a montante: 3'-GATCCCCGGGTAATCTTACCACTGTG	~2200 pb
	Primário a jusante: 5'-TGGTCTCCTTTTGGAGGCCCCACGA-3'	
ARN 2b	Primário a montante: 5'-ATGGAATTGAACGCCGGAGGCGCAATG-3'	~300 pb
	Primário a jusante: 5'-TcAAAAcAcccT(cT)ccGcccAcTcGTT- 3'	
CMV-Sat -	Primário a montante: 5'-GAGAATTGCGTAGAGGGGTT-3'	~350 pb
	Primário a jusante: 5'-AGCCTCTCCCTGCGTGCGTC-3'	

Síntese de ADN complementar (transcrição inversa)

Modelo de ARN viral (1 μg) : 6,0 μl

Primário de fluxo descendente (25 pM) : 2,0 μl

A mistura foi mantida em banho-maria durante 10 minutos a 70^0C para desnaturar o modelo e depois deixada arrefecer à temperatura ambiente. O volume foi completado até 12 μl com água sem nuclease e os seguintes componentes foram adicionados num volume total de 20 μl:

Tampão MMuLV RTase (5x)	:	4.0 µl
dNTPs (10 mM cada)	:	2.0 µl
Proteção do ARN (20 U)	:	1.0 µl
MMuLV RTase (200 U)	:	1.0 µl

A reação foi incubada a 42°C durante 90 min. O cADN assim sintetizado foi precipitado por adição de 1/10 de volume de acetato de sódio 3 M e 2,5 volumes de etanol. Após centrifugação, o sedimento foi lavado com etanol a 70%, seco e ressuspendido num volume adequado de água estéril sem nuclease.

Reação em cadeia da polimerase:

Componentes da PCR:

Modelo: Ácido nucleico da planta infetada ou ADN do vírus. Os vírus ARN são convertidos em ADNc antes da amplificação.

Primers: Sequências de fragmentos curtos de oligonucleótidos (ADN de cadeia simples) complementares às sequências no final das sequências-alvo a amplificar. Nesta reação, são necessários primers para a frente e para trás.

dNTPs: Os nucleótidos necessários para a extensão da cadeia de ADN recém-sintetizada. dATP, dCTP, dGTP, dTTP (os quatro nucleótidos) estão incluídos na mistura

Enzima: É necessária uma enzima termoestável (resistente ao calor) para a polimerização, uma vez que a reação da polimerase sofre desnaturação do modelo a alta temperatura. A Taq polimerase é a enzima polimerase termoestável utilizada frequentemente.

Primários	**Sequência do iniciador****	**Ciclo PCR**	**Tamanho do produto**

Tabela 7. Sequência e condições de amplificação dos iniciadores de PCR utilizados para a deteção de Begomovírus.

Deng Deng A Deng B	5'-TAATATTACCKGWKGVCCSC-3' 5 ' -TGGACYTTRCAWGGBCCTTCACA-3'	94 °C-50 seg 52 °C-45 seg 72 °C-90 seg	530 pb
Proteína do revestimento CPIT- ICPIT-T	5'-ATGGCGAAGCGACCAG -3' 5'-TTAATTTGTGACCGAATCAT-3'	94°C-1 min 47°C-1 min 72°C-1,5 min	800 pb
Rojas PALIv1978	5'GCATCTGCAGGCCCACATYGTCTTYC CNGT -3'	94°C-1 min 52°C-1 min	1,2 kb

PARIc496	5'AATACTGCAGGGCTTYCTRTACATRG G- 3'	72°C-1,5 min	
Rojas PALIv 722 PARIc 1960	5' -GGNAARATHTGGATGGA- 3' 5' -ACNGGNAARACNATGTGGGC- 3'	94°C-1 min 52°C-1 min 72°C-1,5 min	1,2 kb
ADN-β Beta 01 Beta 02	5'-AGCCTTAGCTACGCCGGAGC -3' 5' GCTGCGTAGCGTAGAGGTTT 3'	94°C-1 min 55°C-1 min 72°C-1,5 min	1,35 kb
ADN-B BC1F BC1R	5'CACCATGGCAATAGGAAATGATGGT ATGGG -3' 5'AAGGATCCTCTTAATTTTTGAATAA ATTTGGC -3'	94°C-1 min 52°C-1 min 72°C-1,5 min	850 pb
ADN-B BF518 BR1641	5'GAGTTTCCGYTTGTGGAAGWCCCGG AAGT- 3' 5'-YTKGAYTTYGGTCTGTKG-3 '	94 °C-50 seg 55 °C-45 seg 72 °C-90 seg	1120 pb

*As posições de recozimento dos iniciadores de Rojas são indicadas nos nomes dos iniciadores, em que "v" denota a posição no sentido do virião (recozimento na cadeia de sentido complementar da forma replicativa e dá a sequência de sentido complementar viral) e "c" denota a cadeia de sentido complementar (recozimento na cadeia de sentido viral e dá a sequência de sentido complementar).

**B=G+C+T, H=A+T+C, K=G+T, N=A+C+G+T, R=A+G, S= C+G, V= A+C+ G, W= A+T e Y= C+T. N= A+C+G+T, H= A+T+C R= A+G.

A PCR foi realizada num termociclador utilizando 50 µl de mistura de reação contendo:

Modelo de cDNA (100 ng) : 20,0 µl

Primário de fluxo descendente (25 pM) : 1.0 µl

Primário de fluxo ascendente (25 pM) : 1.0 µl

dNTPs (10 mM cada) : 1.0 µl

Tampão *Taq/Pfu* DNA polimerase 10x : 5.0 µl

Cloreto de magnésio (25 mM) : 3.0 µl

Taq/Pfu DNA polimerase (3 U) : 1.0 µl

(Água sem nuclease para perfazer o volume de reação 50,0 µl)

Os parâmetros de amplificação da PCR incluíram a desnaturação inicial do modelo a 94°C durante 5 min. Seguiram-se 30-35 ciclos de amplificação por PCR, que consistiram numa desnaturação cíclica de 60 segundos a 94°C, no recozimento dos iniciadores à respectiva temperatura durante 30-60 segundos, na extensão a 72°C durante 30-180 segundos (dependendo do comprimento do fragmento necessário e da velocidade de polimerização da enzima ADN polimerase) e numa extensão final de 10 minutos a 72°C no final dos ciclos. O produto RT-PCR assim obtido foi verificado por eletroforese em gel de agarose.

Eletroforese de ARN em condições de desnaturação

O método seguido foi exatamente o descrito por Sambrook et al. (1989).

Preparação do gel de agarose

Foi preparado um gel de agarose a 1,2% (p/v) adicionando 1x tampão MOPS. O tampão foi então esterilizado por filtração sob vácuo e foi-lhe adicionado formaldeído para obter uma concentração final de 1x e 2,2 M (v/v), respetivamente. A moldagem do gel foi efectuada numa capela de exaustão e deixou-se assentar durante pelo menos 30 minutos. O gel foi então submerso num tampão de corrida com formaldeído 1x.

Preparação da amostra

ARN (até 30 µg)	:	4.5 µl
Tampão MOPS 5x	:	2.0 µl
Formaldeído	:	3.5 µl
Formamida	:	10,0 µl

H_2O para perfazer um volume final de 20,0 µl

Todos os componentes foram devidamente misturados e incubados a 65°C durante 15 minutos, arrefecidos em gelo e centrifugados brevemente para recolher as amostras no fundo. Foram adicionados 3,3 µl de corante de carga à amostra antes de a carregar. Do mesmo modo, o marcador de ARN foi misturado com o corante de carga, desnaturado a 100^0C durante 3 minutos, arrefecido rapidamente em gelo e carregado num poço à parte das amostras. Antes de carregar as amostras, o gel foi pré-executado durante 10-15 minutos a 5 V/cm. A eletroforese das amostras foi efectuada a 5 V/cm. O gel foi visualizado após coloração com brometo de etídio num transiluminador UV e registado no sistema de documentação.

Reagentes:

TBE (por litro)	Tampão TBE 10x: 108 g de base Tris, 55 g de ácido bórico e 9,3 g de EDTA
Tampão MOPS 5x (por litro)	20,6 g de ácido 3-N-morfolina propanossulfónico em 800 ml de acetato de sódio 50 mM tratado com DEPC, pH 7,0

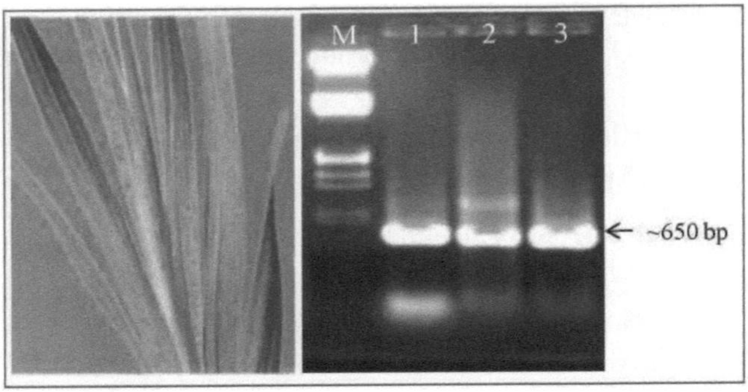

Fig. 36. Doença do mosaico do gladíolo e deteção do CMV por RT-PCR

Blotagem do Norte

Após a documentação, as bandas de ARN foram transferidas para uma membrana de nylon (Amersham-Pharmacia Biotech, Reino Unido) com a ajuda de um conjunto de transferência por vácuo (Pharmacia, LKB, Suécia). Resumidamente, o gel foi primeiro transferido para um tabuleiro de vidro limpo, isento de RNase, e mergulhado em água esterilizada durante 15 minutos, com agitação suave, para remover todo o corante. A água foi eliminada e o gel foi mergulhado duas vezes em tampão SSC 10x durante 15 minutos cada, mudando de tampão após cada lavagem.

O gel foi então transferido para a membrana mantendo-o de cabeça para baixo e a margem superior esquerda do gel foi ligeiramente cortada para se saber a orientação correta do gel no aparelho de transferência. Não foram permitidas bolhas de ar entre o suporte e o papel de 3 MM inferior e o gel e o gel e a membrana de nylon. O conjunto foi bem fechado e foi criado vácuo para uma transferência correta do ARN. De 10 em 10 minutos, colocou-se 10x SSC sobre o gel para o manter húmido. Foram necessários cerca de 60-90 minutos para a transferência completa do gel de ARN para a membrana de nylon. Após a transferência, a membrana foi brevemente embebida em 2x SSC e deixada a secar num papel Whatman 3 MM. A membrana seca foi colocada entre duas folhas de papel 3 MM, cozida a 80°C durante 2 h e depois armazenada à temperatura ambiente até ser utilizada.

Reagentes:

20x 175,3 g de NaCl, 88,2 g de citrato de sódio, água até um litro, pH

SSC ajustado com algumas gotas de NaOH 10 N.

Extração de ADN genómico total de folhas de espécies vegetais

O ADN genómico total foi extraído das espécies de plantas sintomáticas/infectadas seguindo o protocolo de Dellaporta et al. (1983), tal como descrito a seguir:

1. 1 g de tecido foliar foi triturado em azoto líquido com um almofariz e um pilão até se obter um pó fino e transferido para um tubo de centrifugação com rotor SS 34.
2. Foram adicionados aos tubos 5 ml (p/v) de tampão de extração e 330 µl de SDS

(20%). A pasta foi misturada corretamente, mantida a 65°C durante 15 min e mantida em gelo durante 5 min.

3. Seguiu-se a adição de 1,7 ml de acetato de potássio 5M, bem misturado e mantido em gelo durante 15 minutos.

4. Os detritos celulares são precipitados por centrifugação a 10.000 rpm durante 15 minutos a 4°C.

5. O sobrenadante foi cuidadosamente transferido para um novo tubo SS 34 e foram adicionados 2,3 ml de isopropanol, misturados e mantidos à temperatura ambiente durante 30 minutos para a precipitação dos ácidos nucleicos.

6. O ácido nucleico precipitado foi recolhido por centrifugação a 10 000 rpm durante 15 minutos à temperatura ambiente e o sedimento foi ressuspendido em 1 ml de TE (50 mM TrisCl pH 8,0, 1,0 mM EDTA).

7. A RNase foi adicionada a uma concentração final de 20 µg/ml ao sobrenadante e misturada por vórtex suave e incubada a 37°C durante 30 min para remover todo o ARN.

8. O ácido nucleico foi então extraído em igual volume com fenol: clorofórmio: álcool isoamílico (25:24:1) e clorofórmio.

9. O ADN foi precipitado com 2 vol. (v/v) de álcool absoluto suplementado com 1/10 volume (v/v) de acetato de sódio 3 M (pH 5,2), mantendo-se a -20°C durante a noite

10. O ADN precipitado foi recuperado por centrifugação a 12.500 rpm durante 20 minutos a 4°C, lavado com etanol a 70%, seco e suspenso em água estéril.

Reagentes:

Tampão de extração de ADN	Tris 100 mM pH 8,0, 50 mM EDTA, 500 mM NaCl
Tris saturado fenol	Extrair o fenol com igual volume de Tris-HCl 0,5 M (pH 8,0) três vezes (o pH do sobrenadante deve ser 8,0). Sobrepor o fenol com Tris-HCl 0,1 M e adicionar 0,1% de β-merceptoetanol e hidroxiquinolina para a fase corante

Quantificação do ADN por determinação espectrofotométrica

O ADN foi quantificado através de leituras espectrofotométricas de absorvância (A) nos comprimentos de onda (λ) de 260 e 280 nm. As leituras a 260 nm permitiram o cálculo do ácido nucleico na amostra (Sambrook *et al.*, 1989), pelo que uma A260 de 1 corresponde a aproximadamente 50 µg/ml de dsDNA e 40 µg/ml de ssDNA e RNA. O rácio A260nm/ A280nm fornece uma estimativa da pureza. As preparações puras de ADN têm um rácio A260nm/A280nm de 1,8 e 2,0, respetivamente, mas as contaminações com proteínas ou substâncias fenólicas reduzem significativamente estes rácios. A qualidade e a integridade de uma pequena quantidade de ADN foram verificadas por eletroforese em gel de agarose a 1%.

Reação em cadeia da polimerase (PCR)

A PCR foi realizada num termociclador utilizando 50 µl de mistura de reação. Os pormenores do conteúdo utilizado para cada reação são apresentados a seguir:

Modelo (ADN) : 4.0 µl

Primário a jusante (25 pM) : 1.0 µl

Primário a montante (25 pM) : 1.0 µl

dNTPs (10 mM cada) : 1.0 µl

Taq/Pfu DNA polimerase 10x : 5.0 µl

tampão

Cloreto de magnésio (25 mM) : 3.0 µl

Taq/Pfu DNA polimerase (3 U) : 1.0 µl

(Água sem nuclease para perfazer o volume de reação 50,0 µl).

Foram utilizados dois pares de iniciadores específicos do vírus para a PCR. Os pormenores dos iniciadores e as condições de PCR utilizadas são mencionados no quadro 5.

O produto da PCR assim obtido foi verificado por eletroforese em gel de agarose a 1%, tal como descrito anteriormente para a eletroforese em gel de agarose do ADN.

Método de amplificação em círculo rolante (RCA)

A amplificação em círculo rolante (RCA) está a emergir como uma técnica revolucionária para a deteção e análise de geminivírus novos e inovadores. A caraterização de novos vírus de ADN e a construção de clones infecciosos tornaram-se mais fáceis com a utilização da polimerase de ADN 029, que amplifica seletivamente o ADN circular através do mecanismo de círculo rolante (Haible *et al.*, 2006).

A reação de RCA foi realizada utilizando 029 DNA polimerase, de acordo com as instruções do fabricante (TempliPhi™ DNA amplification kit, GE Healthcare, EUA). O 0,5 µl (10-20 ng) de ADN foi misturado com 5 µl de tampão de amostra, desnaturado durante 5 minutos a 95^{0}C e arrefecido à temperatura ambiente. A esta mistura foram adicionados 5 µl de tampão de reação e 0,2 µl de mistura de enzimas e a reação decorreu durante 18-20 h a 30^{0}C. A reação foi interrompida por incubação da mistura a 65^{0}C durante 10 min. O produto RCA foi monomerizado por digestão com as enzimas de restrição *Xba* I, *Xho* I e *Bam* HI (New England BioLabs, EUA) e os produtos digeridos foram electroforizados em gel de agarose a 1%. Os produtos de amplificação obtidos (~ 2,7 kb de banda) foram purificados utilizando o Wizard SV Gel & PCR Clean-Up System (Promega Corporation, EUA) e clonados em pBluescriptSK+ (Stratagene, EUA) no sítio *BamHI* e transformados em *E. coli* DH5α. Os clones foram sequenciados por primer walking (de Bangalore GeNei, Bangalore, Índia) e os dados da sequência de consenso obtidos foram analisados e depositados na base de dados GenBank.

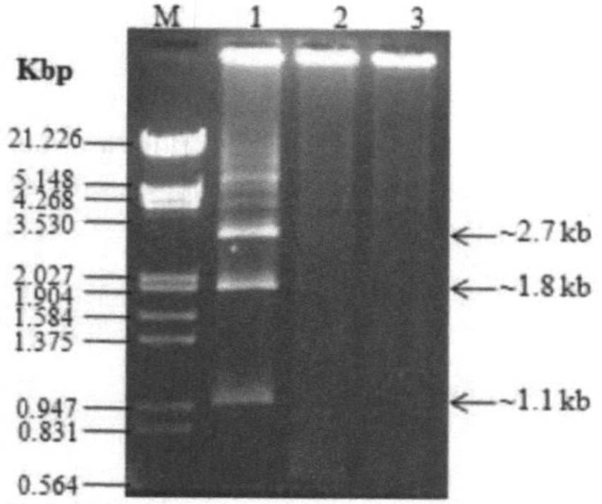

Fig. 37. Amplificação do genoma viral de comprimento total em plantas infectadas por RCA utilizando 029 DNA polimerase, digerido por *Bam* HI (pista 1), *Xba* I (pista 2) e *Xho* I (pistas 3). M = ADN lambda digerido com *Eco* RI e *Hindı* II utilizado como marcador.

Eletroforese em gel de agarose dos produtos PCR

O princípio básico é que o ADN, o ARN e as proteínas podem ser separados por meio de um campo elétrico. Na eletroforese em gel de agarose, o ADN e o ARN podem ser separados com base no tamanho, passando o ADN por um gel de agarose. As proteínas podem ser separadas com base no tamanho, utilizando um gel SDS-PAGE, ou com base no tamanho e na sua carga eléctrica, utilizando o que é conhecido como eletroforese em gel 2D.

Poliacrilamida

A eletroforese em gel de poliacrilamida (PAGE) é utilizada para separar proteínas com tamanhos compreendidos entre 5 e 2.000 kDa, devido ao tamanho uniforme dos poros proporcionado pelo gel de poliacrilamida. O tamanho dos poros é controlado através do controlo das concentrações de acrilamida e de pó de bis-acrilamida utilizadas na criação de um gel.

- Elevado poder de resolução
- Separar o ADN apenas numa gama estreita de tamanhos

Agarose

Um polissacárido obtido a partir do ágar que é o meio mais utilizado para os procedimentos de eletroforese em gel.

- Menor poder de resolução
- Separar entre si moléculas de ADN de até dezenas, e mesmo centenas, de kilobases

Tampões de eletroforese:

Os tampões na eletroforese em gel são utilizados para fornecer iões que transportam uma corrente e para manter o pH num valor relativamente constante. Há uma série de tampões utilizados na eletroforese. Os mais comuns são, para os ácidos nucleicos,

Tris/Acetato/EDTA (TAE), Tris/Borato/EDTA (TBE).

Tinta de carga:

O xileno-cinol e o azul de bromofenol são corantes comuns encontrados nos tampões de carregamento; correm aproximadamente à mesma velocidade que os fragmentos de ADN com 5000 pb e 300 pb de comprimento, respetivamente, mas a posição exacta varia com a percentagem do gel.

Tampão de carregamento do gel (corante de rastreio 6x)

EDTA (pH 8,0)	:	1 mM
Glicerol	:	50% (v/v)
Azul de bromofenol	:	0,4% (p/v)
Xileno cianol FF	:	0,4% (p/v)

Visualização:

O ADN pode ser visualizado utilizando brometo de etídio (EtBr) que, quando intercalado no ADN, fluoresce sob luz ultravioleta, enquanto as proteínas podem ser visualizadas utilizando corante de prata ou corante Coomassie Brilliant Blue. O EtBr é um mutagénico conhecido, existindo alternativas mais seguras, como o GelRed, que se liga ao sulco menor.

A eletroforese em gel foi efectuada utilizando uma placa horizontal submarina de gel de agarose, tal como descrito por Sambrook *et al.* (1989).

1. Dissolveu-se uma quantidade adequada de agarose (1-1,5%) em TAE 1x.

2. Depois de arrefecer até cerca de 60°C, a solução fundida foi vertida sobre uma placa de fundição na qual foi colocado um pente formador de ranhuras a uma altura de cerca de 2 mm. Adicionou-se brometo de etídio a uma concentração de 0,5 µg/ml (preparado em água estéril e bem misturado) antes de se colocar o gel.

3. Depois de o gel ter solidificado, o pente foi retirado e o gel submergido em TAE 1x no tanque de circulação do gel.

4. As amostras de ADN foram misturadas com um sexto do volume de corante de carga 6x e depois colocadas nos poços.

5. Foi utilizada uma escada de ADN de 100 pb (para aceder ao tamanho do ADN inferior a 500 pb) e λ-ADN digerido com *EcoRI* e *HindIII* como marcador de ADN para avaliar o tamanho da banda de 500 pb ou mais. O marcador de ADN foi colocado num poço, à parte das amostras.

6. O gel foi mantido a 5 V/cm de tensão constante até o corante de rastreio - corante de bromofenol - atingir quase o fim do gel.

7. A decantação foi feita em água durante 10 minutos e o gel foi visualizado num transiluminador UV (Vilebr Laurmat, França) e registado no sistema Vilber Laurmat Gel Documentation (Vilber Laurmat, França).

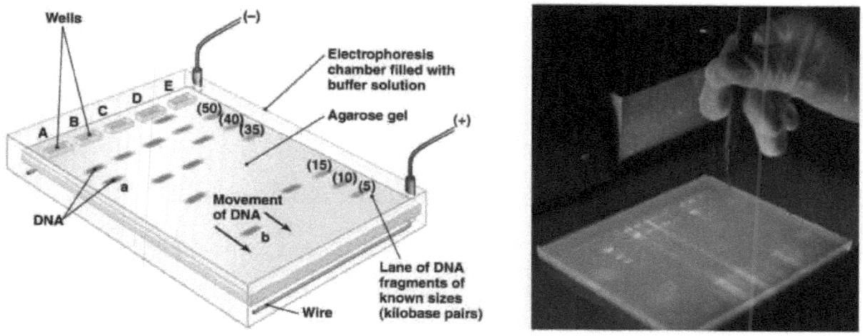

Fig. 38. Vista da eletroforese em gel

Reagentes:

Tampão TAE (por litro) 242 g de base Tris, 57,1 ml de ácido acético glacial e 100 ml de EDTA 0,5 M, pH 8,0

Blotting do Sul

O ADN do gel de agarose foi transferido seguindo o protocolo fornecido pelo fabricante (Amersham-Pharmacia Biotech, Reino Unido) para a membrana de nylon. Após a eletroforese, o gel foi colocado numa solução de depuração durante 10-20 minutos (quando se transferem bandas de ADN de tamanho superior a 10 kb) e agitado suavemente. O gel foi então submerso numa solução de desnaturação durante 30 minutos, com agitação suave, seguida de mais 30 minutos em solução de neutralização, novamente com agitação suave. O ADN do gel foi transferido para a membrana de nylon, montando o conjunto da mesma forma que a descrita para a preparação da mancha de ARN, exceto que, neste caso, o tampão de transferência foi 20x SSC, em vez de 10x SSC para o ARN. A mancha de ADN foi também cozida a 80°C e mantida à temperatura ambiente até ser utilizada.

Preparação do Dot Blot

O ADN genómico total isolado do tecido vegetal foi diretamente colocado numa área de 1 cm^2 de membrana de nylon para análise de hibridação.

Reagentes:

Solução de depuração HCl-11 ml; água até 989 ml

Solução de desnaturação NaCl-87,6 g; NaOH-20,0 g; água até 1000 ml

Neutralização solução NaCl-87,66 g; base Tris-60,5 g; pH 7,5 com HCl concentrado, água até 1000 ml

Preparação da sonda por extensão do iniciador aleatório

A sonda foi preparada de acordo com o método descrito por Fienberg e Vogelstein (1983). 200 ng de ADN molde e 75 ng de iniciadores aleatórios foram misturados num tubo eppendorf de 1,5 ml, mantidos num banho de água a ferver durante 3 minutos e rapidamente arrefecidos em gelo. O volume foi verificado e completado até 11 µl com água sem nuclease, se necessário.

Em seguida, adicionou-se ao tubo o seguinte:

DTT (20 mM)	:	3,0 µl
Mistura de dNTP (menos dCTP) 10 mM cada	:	1,0 µl
Tampão de primers aleatórios 10x	:	3,0 µl
αP^{32} dCTP (10 mCi/ml) Atividade Sp. Atividade (3000 Ci/molécula)	:	2,0 µl
Enzima de Klenow (5 U)	:	1,0 µl

(Água sem nuclease para perfazer o volume de reação 30,0 µl)

Ao conteúdo do tubo foram adicionadas 5 U do fragmento Klenow da polimerase I do ADN *de E. coli* e a reação foi incubada durante 3 h a 37°C ou durante a noite à temperatura ambiente (de preferência). Após a incubação, adicionou-se ao tubo um volume igual de acetato de amónio 5M e 2,5 volumes de etanol, que foram armazenados a -20°C até nova utilização.

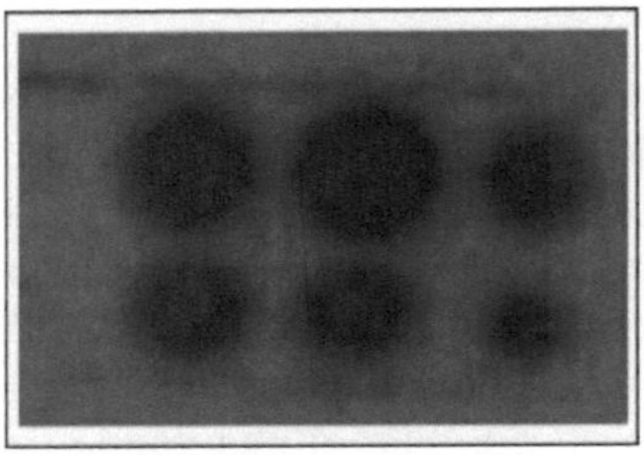

Fig. 39. Hibridação Dot blot de isolados de vírus Sonda de ADN-A de begomovírus

Hibridação de Southern blots com sondas radiomarcadas

O Southern blot foi primeiro colocado num frasco de hibridação, mantendo o lado para o qual o ADN foi transferido virado para o interior. A solução de pré-hibridação (aproximadamente 100 µl/sq cm de membrana) foi adicionada ao frasco. Depois de garantir que não existiam bolhas de ar entre a membrana e a parede do frasco, o blot foi incubado a 42°C durante pelo menos uma hora na câmara de hibridação com rotação constante. Entretanto, a sonda mantida para precipitação em acetato de amónio 5 M foi centrifugada durante 15 minutos a 4°C, lavada com álcool a 70%, seca e ressuspensa em água esterilizada. As contagens da sonda foram efectuadas com a ajuda de um contador Geiger Muller (Ludium Measurements Inc., Sweetwater, Texas) ou por um contador de cintilação beta (Pharmacia, LKB, Suécia) para conhecer a eficiência da sonda. A sonda foi desnaturada durante 3 minutos num banho de água a ferver, arrefecida em gelo durante um minuto e depois adicionada à solução de pré-hibridação. Deixou-se que a hibridação ocorresse durante uma noite (12-16 h) a 42°C.

Lavagem dos blots

A lavagem do blot foi efectuada de acordo com as instruções dos fabricantes. Resumidamente, foram efectuadas as seguintes lavagens rigorosas ao blot para remover a sonda não hibridizada. Lavagens de rigor: 2x SSC, 0,1% SDS 5 min duas vezes 1x SSC, 0,1% SDS 5 min uma vez 0,1x SSC, 0,1% SDS 15 min uma vez 0,1x

SSC, 0,1% SDS a 42°C 15 min uma vez.

Autoradiografia

Após a lavagem, a membrana foi finalmente seca ao ar e envolvida em película aderente. As contagens finais na membrana foram efectuadas e, em conformidade, expostas a uma película de raios X (Kodak) com um ecrã de intensificação (Kiran Hi-speed) numa cassete (Kodak) a -70°C/temperatura ambiente durante o período de tempo necessário. O autoradiograma foi revelado durante 60 segundos com revelador KODAK, fixado com fixador KODAK, lavado em água corrente, seco ao ar e examinado.

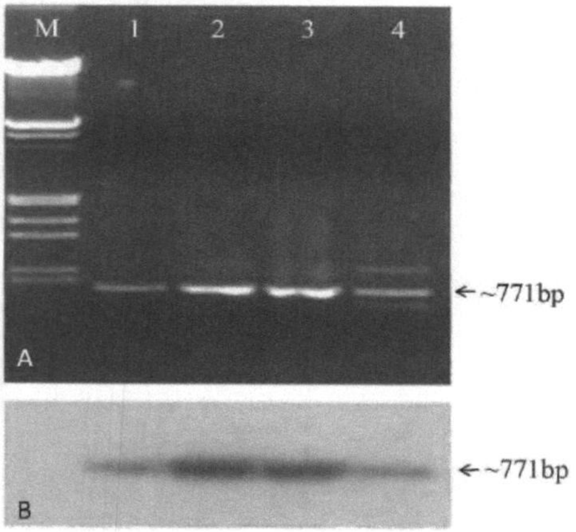

Fig. 40. (*a*) Eletroforese em gel de agarose dos produtos de PCR obtidos por PCR utilizando iniciadores degenerados específicos do género begomovírus a partir de infectados. M é ADN Lambda digerido com *EcoRI/HindIII.* (*b*) Hibridação Southern blot com uma sonda gerada a partir do clone do gene CP de begomovírus, mostrando fortes sinais de hibridação com todos os amplicões de

Clonagem de ADN em sistema vetorial

Os amplicons de PCR de diferentes tamanhos foram eluídos do gel de agarose, ligados ao vetor de plasmídeo e as células competentes *de Escherichia coli* (estirpe DH5-α) foram transformadas. Seguiu-se o procedimento normal de biologia molecular/instruções do fabricante, tal como descrito abaixo.

Eluição do ADN do gel de agarose

O ADN foi eluído a partir de um gel de agarose a 1-1,5% utilizando o protocolo do kit de extração QIAquick Gel (Qiagen Inc., GmbH, Alemanha) de acordo com as instruções do fabricante.

1. O ADN sob a forma de banda foi retirado da agarose com a ajuda de um bisturi limpo e afiado e pesado de fresco.

2. Ao gel, foram adicionados 3 volumes de tampão QG (p/v) e incubado a 50^0C durante 10 min (ou até a fatia de gel se dissolver completamente). Cuidadosamente, a mistura foi agitada em vórtex a cada 2-3 minutos para uma homogeneidade adequada.

3. Foi adicionado à mistura um volume de isopropanol (igual ao peso do gel fresco).

4. A coluna de eluição foi ajustada e a amostra foi carregada (700 µl de cada vez) em colunas QIAquick e centrifugada durante 1 min a 10 000 rpm. O processo foi repetido até que toda a amostra fosse carregada na coluna.

5. Adicionou-se 0,5 ml de tampão QG e centrifugou-se durante 1 min a 10.000 rpm.

6. A coluna foi lavada com 750 µl de tampão PE, centrifugando durante 1 min a 10.000 rpm.

7. O fluxo adicional foi eliminado por centrifugação da coluna durante 1 ou mais minutos.

8. A coluna QIAquick foi colocada num eppendorf novo de 1,5 ml e o ADN foi eluído com 50 µl de água sem nuclease, centrifugando-a durante 3 min a 10 000 rpm.

Clonagem da inserção de ADN no sistema de vetor pGEM-T Easy

As reacções relativas à clonagem foram realizadas de acordo com as instruções do fabricante (Promega Corporation, EUA). Com a *Taq* DNA polimerase, o A- tailing foi adicionado naturalmente durante o produto de PCR a ser clonado no vetor pGEM-T Easy.

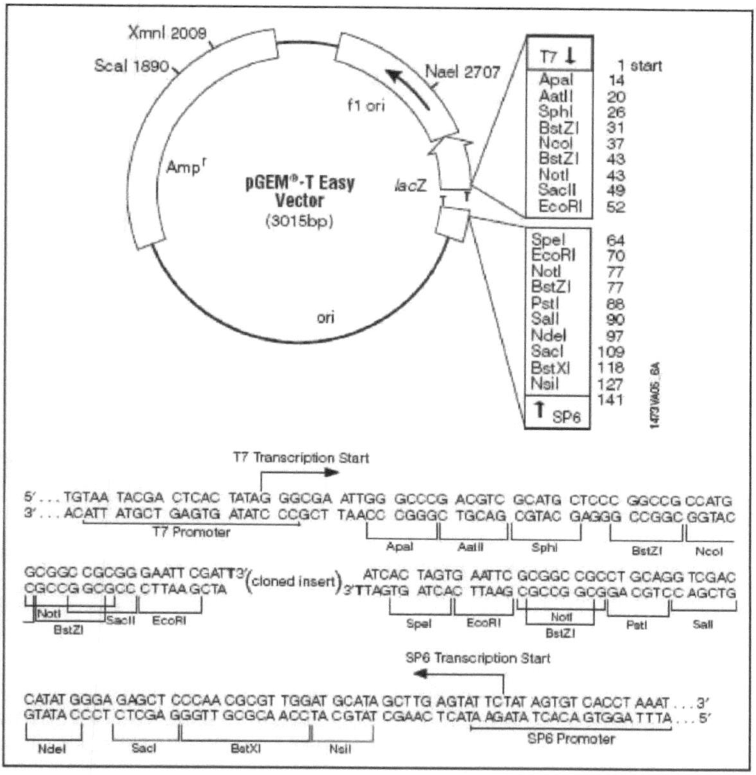

Fig. 41. Cartoon do pGEM-T easy vetor system-I para clonagem de produtos de PCR mostrando o detalhe do vetor.

Ligação do vetor e do produto de PCR de cauda A

A ligação foi efectuada da seguinte forma

Tampão de ligação 2x	:	5,0 µl
vetor pGEM-T Easy (50 ng)	:	1,0 µl
Produto PCR (150 ng)	:	1,5 µl
T4 DNA ligase	:	1,0 µl

(Água sem nuclease para perfazer o volume de reação de 10 µl)

A reação foi realizada a 4°C durante uma noite e 5 µl (5% da alíquota de células competentes) foram utilizados para a transformação de células competentes *de Escherichia coli.*

Preparação de células competentes de *E. coli* da estirpe DH5α

1. Foi utilizada uma única colónia de *E. coli* para inocular em 5 ml de caldo Luria (LB).

2. Incubou-se a 37°C durante uma noite com agitação de 250 rpm.

3. No dia seguinte, 100 µl desta cultura cultivada durante a noite foram utilizados para inocular 100 ml de LB num balão de 500 ml e incubados a 37°C com agitação vigorosa (250 rpm).

4. Quando a absorvância da cultura a $A_{600\,nm}$ atingiu 0,4, a cultura celular foi arrefecida em gelo durante 30 minutos.

5. A cultura de células foi transferida para um tubo SS 34 previamente refrigerado e centrifugada a 4.500 rpm a 4°C durante 5 min num rotor SS 34 da centrífuga refrigerada Sorvall.

6. O meio foi completamente eliminado e as células ressuspendidas em 20 ml de $CaCl_2$ 0,1 M frio.

7. Depois de se manterem no gelo durante 30 minutos, as células foram sedimentadas como referido na etapa 5 e ressuspendidas em 20 ml de $MgCl_2$ 0,1 M gelado.

8. As células foram novamente mantidas em gelo durante 30 minutos e depois centrifugadas como anteriormente.

9. O sobrenadante foi eliminado e as células foram finalmente ressuspendidas em 4 ml de CaCl2 0,1 M gelado contendo 10% de glicerol (v/v).

10. As células foram armazenadas a -70°C em alíquotas de 200 µl cada em tubos eppendorf antes de serem utilizadas para transformação.

Transformação de células competentes

Quatro alíquotas de células competentes de *E. coli* foram transformadas com os seguintes ADN, utilizando o método de "choque térmico", tal como descrito em Sambrook *et al*. (1989).

1. 50 ng de vetor pBS SK+ circular fechado covalentemente (vetor de controlo)

2. 5% da mistura da reação de ligação que contém o vetor fácil pGEM-T ligado ao ADN de inserção

3. 50 ng de vetor linear pBSSK+ (vetor de controlo negativo)

Para a transformação, a mistura de ligação ou o ADN plasmídico foram adicionados às células, depois de descongeladas no gelo, e mantidos assim durante 45 minutos. Os tubos foram então incubados num banho de água a 42°C durante exatamente 90 segundos. As células foram imediatamente arrefecidas em gelo durante 3-5 min. Os tubos foram então mantidos à temperatura ambiente e foram adicionados 800 µl de LB a cada tubo. Os tubos foram incubados a 37°C durante 1 h para que as células recuperassem em grande quantidade. As células foram finalmente colocadas para a seleção de transformantes numa placa LA contendo 100 mg/l de antibiótico Ampicilina.

Seleção de transformantes portadores de inserções por complementação

Usando uma espátula de vidro estéril, as placas de LA contendo antibióticos, Ampicilina (100 µg/ml) foram revestidas com 40 µl de solução estoque de X-gal (20 mg/ml) e 8 µl de isopropiltio b-D-galactosidase (IPTG 200 mg/ml). As placas foram deixadas a secar durante pelo menos 2 h antes de serem utilizadas. 200 µl de cada uma das bactérias transformadas foram espalhados uniformemente nestas placas com um espalhador de vidro esterilizado. As células restantes foram centrifugadas brevemente durante 15-20 segundos; o pellet foi ressuspendido em 200 µl de meio restante e espalhado em placas frescas como acima e incubado a 37°C durante a noite. Todas as colónias brancas foram colhidas e semeadas em placas principais de LA contendo antibióticos.

Identificação do clone positivo

As preparações de plasmídeos dos clones recombinantes positivos foram efectuadas para a sua posterior caraterização.

Método de mini-preparação

O isolamento em pequena escala do ADN plasmídico foi efectuado pelo método de lisagem alcalina de Birnboim e Doly (1979), tal como descrito por Sambrook *et al.* (1989).

1. Uma única colónia foi inoculada em 5 ml de LB contendo o antibiótico adequado e cultivada durante a noite a 37°C com agitação contínua a 200 rpm num agitador.

2. Foram transferidos 1,5 ml da cultura cultivada durante a noite para um tubo de microcentrifugação.

3. As células foram aglomeradas a 10.000 rpm durante 45 segundos a 4°C.

4. O sobrenadante foi completamente eliminado e as células foram suspensas em 100 µl de Solution-1 (tampão GTE) frio, agitando suavemente em vórtice.

5. À mistura, foram adicionados 200 µl de solução-2 recentemente preparada (SDS alcalino) e as células foram lisadas invertendo suavemente o tubo várias vezes e depois mantidas em gelo durante 5 minutos.

6. Ao lisado, foram adicionados 150 µl de solução-3 gelada (acetato de potássio), misturados por inversão suave e mantidos no gelo durante 10 minutos.

7. Os tubos foram então centrifugados a 12.000 rpm numa microcentrífuga durante 10 minutos a 4°C.

8. O sedimento (contendo ADN cromossómico e sais) foi rejeitado.

9. O sobrenadante foi extraído uma vez com igual volume de fenol: clorofórmio: álcool isoamílico (25:24:1, v/v).

10. O ADN na camada aquosa foi precipitado com 1/10 de volume de acetato de sódio 3 M, pH 5,2 e dois volumes de etanol, mantendo-o no gelo durante 30 minutos.

11. O ADN plasmídico precipitado foi recolhido por centrifugação a 12.000 rpm durante 15 minutos a 4°C.

12. O sobrenadante foi descartado e lavado duas vezes com etanol a 70% gelado e seco.

13. O pellet foi dissolvido em 100 µl de RNase-A sem DNase (20 µg/ml) e o DNA plasmídico foi armazenado a -20°C.

Reagentes:

Solução I (GTE 50 mM glucose, 10 mM EDTA, 25 mM Tris-HCl, **tampão** pH 8,0**)**

Lisozima 10 mg/ml em 10 mM Tris-HCl, pH 8,0

Solução II 0,2 N NaOH, 1% SDS

Solução III Acetato de potássio 5 M 60 ml, ácido acético glacial 11,5 ml, água 28,5 ml

Análise dos clones por digestão de restrição

As digestões de restrição do ADN foram preparadas em tubos eppendorf de 1,5 ml, como indicado a seguir.

ADN	:	1-2 µg
Tampão para enzimas de restrição 10x	:	3,0 µl
Enzima de restrição (10-20 U)	:	1,0 µ l
BSA 10x (se necessário)	:	3,0 µl

(Água estéril sem nuclease para perfazer 30,0µl)

A incubação à temperatura adequada para a atividade da enzima de restrição foi geralmente efectuada durante a noite para assegurar a digestão completa. Quando era necessário restringir maiores quantidades de ADN, o volume da reação era aumentado para 100 µl ou mesmo mais. Após a digestão estar concluída, adicionou-se água para aumentar o volume para 200-500 µl e a reação foi extraída com fenol: clorofórmio: álcool isoamílico (25:24:1). O ADN foi precipitado pela adição de 0,1 volume de acetato de sódio 3 M (pH 5,2) e 2 volumes de etanol (v/v). O ADN foi precipitado por centrifugação a 12 000 rpm durante 15 minutos a 4 °C, o sedimento foi lavado com etanol a 70%, seco sob vácuo e ressuspendido em água destilada estéril.

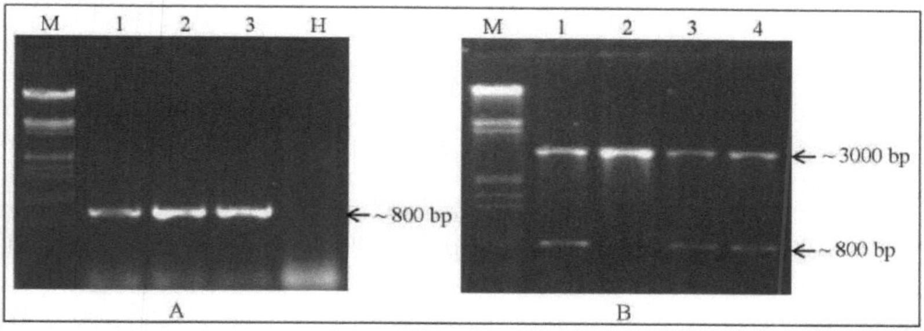

Fig. 42. A. Amplificação por PCR do gene da proteína da pelagem utilizando os iniciadores específicos do gene da proteína da pelagem CPIT- I/CPIT-T, que amplificam amplicões de ~800 pb em amostras infectadas (pistas 1-3) do painel A. Pista H: amostra saudável assintomática.

B. Rastreio de clones do gene CP resistentes à ampicilina por digestão de restrição com a enzima de restrição *EcoRI* do painel B (linhas 1-4). M: ADN lambda digerido com *EcoRI* e *HindIII* (Genei, Bangalore, Índia) como marcador.

Sequenciação dos clones

A sequenciação dos clones e dos produtos de PCR foi efectuada através das empresas Genei Pvt. Ltd., Índia, Chromas (Chromas Biotech Pvt. Ltd., Índia) e MWG, Alemanha e outras empresas de sequenciação. Para cada sequência, foram sequenciados três clones positivos, tendo sido determinados os dados da sequência de consenso de três sequências idênticas com uma única ORF ou para UTR.

9. ANÁLISE COMPUTACIONAL DE DADOS DE SEQUÊNCIA

Os dados da sequência obtidos através dos resultados da sequenciação foram analisados para obter dados consensuais que não apresentassem ambiguidades e foram submetidos à base de dados GenBank do Centro Nacional de Informação Biotecnológica (NCBI, http://www.ncbi.nlm.nih.gov/Bankit). Os quadros de leitura abertos (ORF) nos dados sequenciados foram previstos pela ferramenta de bioinformática: ORF finder (www.ncbi.nlm.nih.gov/projects/gorf/) para descobrir o códão de início AUG (ATG) e o códão de terminação UAG (TAG) no quadro. As ORFs foram traduzidas em aminoácidos utilizando a ferramenta Expasy (www.expasy.org/tools/dna.html).

Para observar a identidade nucleotídica no interior e com outras estirpes de begomovírus comunicadas, foram efectuadas pesquisas com a ferramenta de pesquisa de alinhamento local básico (BLAST) em todas as bases de dados disponíveis, utilizando o servidor NCBI-BLAST (www.ncbi.nlm.nih.gov). Os dados foram comparados dentro e com outras estirpes de sequências de begomovírus registadas, obtidas com o programa Entrez, utilizando o BLAST (NCBI, Bethesda, EUA, http://www.ncbi.nlm.nih.gov/blast).

A complementação inversa das sequências de nucleótidos foi efectuada utilizando o programa Reverse Complement (http://www.ualberta.ca/stothardy/javascript/rev_comp.html). As lacunas, as quebras de linha e os espaços em branco presentes nos dados das sequências de nucleótidos e de aminoácidos foram removidos utilizando o Sequence Massager (http://www.attotron.com/cybertory/analysis/ seqMassager.htm).

Foram efectuados alinhamentos múltiplos das sequências de nucleótidos e aminoácidos de estirpes selecionadas, provenientes da Índia e do estrangeiro, utilizando o programa *Genomatix DiAlign* (Morgenstern, 1999;www.genomatix.de/cgi-bin/dialign/ dialign.pl). A penalidade de abertura de lacunas e a penalidade de extensão de lacunas para os parâmetros de alinhamento par a par e múltiplo das sequências de ADN foram fixadas em 10/0/1 e 10/0,2, respetivamente. Para o alinhamento de proteínas, estas penalizações foram fixadas em 35/0,75 e 15/0,3, respetivamente.

As análises filogenéticas foram efectuadas utilizando o programa Clustal W versão 1.8 e Molecular Evolutionary Genetics Analysis (MEGA versão 4.0; Tamura *et al.*, 2007) com 100 réplicas de bootstrapping e os filogramas foram gerados com o método Neighbour-joining. Os dendrogramas foram visualizados com o programa NJ plot.

REFERÊNCIAS

Birnboim, H.C. e Doly, J. (1979). Um procedimento rápido de extração alcalina para o rastreio de ADN plasmídico recombinante. *Nucleic Acids Research* **7**: 15131523.

Briddon, R. W., Bull, S. E., Amin, I., Idris, A. M., Mansoor, S., Bedford, I. D., Dhawan, P., Rishi, N., Siwatch, S. S., Mansoor S., A., M., Brown, J. K., Zafar, Y. e Markham, P. G. (2003). Diversidade do DNA β: uma molécula satélite associada a alguns begomovírus monopartidos. *Virologia* **312**: 106-121.

Briddon, R.W., Bull, S.E., Amin, I., Mansoor, S., Bedford, I.D., Rishi, N., Siwatch, S.S., Zafar, M.Y., Abdel-Salam, A.M. e Markham, P.G. (2004). Diversidade do DNA 1: uma molécula semelhante a um satélite associada a complexos monopartidos de begomovírus-DNA β. *Virologia* **324**: 462-474.

Burns T. M., Harding R. M., Dale J. L. (1995).The genome organization of banana bunchy top virus: analysis of six ssDNA components. *J Gen Virol* **76:** 1471-1480.

Dellaporta S. L., Wood J., Hicks J. B. (1983). Uma minipreparação de ADN de plantas. Ver II. *Plant Mol Biol Rep* **1:** 19-21.

Dale J. L. (1987). Banana bunchy top: Uma doença de vírus de plantas economicamente tropicais. *Advance Virus Research* **33**: 301-325.

Fajinmi A. A. (2006). Incidência, propagação e possíveis estratégias de controlo da doença *Pepper veinal Mottle Potyvirus* (PVMV) no pimento (*Capsicum annuum*. L.) na Nigéria. *Tese de doutoramento*, Universidade de Ibadan, Estado de Oyo, Nigéria.

Fauquet, C. M., Stanley J. (2005). Revisando a forma como concebemos e nomeamos os vírus abaixo do nível da espécie: A review of geminivirus taxonomy calls for new standardized isolates descriptors. *Archives of Virology* **150**: 21512179.

Fauquet C. M., Briddon R. W., Brown J. K., Moriones E., Stanley J., Zerbini M., Zhou X. (2008). Demarcação e nomenclatura de estirpes de geminivírus. *Arch of Virol* **153**: 783-821.

Fienberg A. P., Vogelstein B. (1983). Uma técnica para radiomarcação de fragmentos de endonuclease de restrição de DNA para alta atividade específica. *Ann Biochem* **132**: 6.

Geering A. D. W., Poogin M. M., Olszewski N. E., Lockhart B. E. L., Thomas J. E. (2005). Caracterização do vírus da mancha da bananeira de Mysore e provas de que o seu ADN está integrado no genoma da Musa cultivada. *Arch Virol* **150**: 787-796.

Gould A. R., Symons R. H. (1977). Determinação da homologia da sequência entre as quatro espécies de ARN do *vírus do mosaico do pepino* por análise de hibridação com ADN complementar. *Nuc Acid Res* **4:** 3787-3802.

Habili N., Francki R. I. B. (1974). Estudos comparativos sobre a aspermia do tomateiro e *o vírus do mosaico do pepino*. III. Outros estudos sobre a relação e a construção de um vírus a partir de duas partes de dois genomas virais. *Virologia* **61:** 443-449.

Haible;, D., Kober;, S., Jeske H. (2006). A amplificação em círculo rolante revoluciona o diagnóstico e a genómica dos geminivírus. *J Virol Methods* **135:** 9-16.

Hanley-Bowdoin L., Settlage S. B., Orozco, B. M., Nagar S., Robertson D. (1999). Geminivírus: modelos para a replicação do DNA da planta, transcrição e regulação do ciclo celular. *Crit Rev Plant Sci* **18**: 71-106.

Harding R. M., Burns T. M., Dale J. L. (1991). As partículas semelhantes a vírus associadas à doença do cacho da bananeira contêm um pequeno ADN de cadeia simples. *J Gen Virol* **72**: 225-230.

Harper G., Hull R. (1998). Clonagem e análise da sequência do ADN do vírus da estria da bananeira. *Virus Gene* **17**: 271-278.

Hughes J., Offei S., Rollenfitch B. (2004). Vírus de plantas na África Subsaariana. A Practical Laboratory Manual. Instituto Internacional de Agricultura Tropical, Ibadan, Nigéria.

Hull R. (2002). *Matthews' Plant Virology,* 4th ed., Academic Press, York. Academic Press, Nova Iorque.

Karan M., Harding R. M., Dale J. L. (1994). Evidência de dois grupos de isolados do vírus do topo do cacho da bananeira. *J Gen Virol* **75**: 3541-3546.

King A. M. Q., Adams M. J., Carstens E. B., Lefkowitz E. J. San Diego (2012). Nono Relatório do Comité Internacional de Taxonomia de Vírus (Ed. King, A.M.Q., Adams, M.J., Carstens, E.B. e Lefkowitz, E.J. San Diego), Elsevier Academic Press, EUA).

Khan M. S. (2006). Caracterização molecular do geminivírus que infecta a malagueta e as ervas daninhas para o desenvolvimento de diagnósticos e estratégias de gestão eficazes do vírus. *Tese de doutoramento*, Universidade de Lucknow, Lucknow.

Langham Marie A.C. (2006) Plant Pathogenic Viruses. Patologia Vegetal: Concepts and Laboratory Exercises (Edt. By Trigiano R. N., Windham M.T., Windham, Alan S.), CRC Press, Boca Raton London New York Washington, D.C. pp. 29-53

Lockhart B. E. L., Olszewski N. E. (1993). In breeding banana and plantain for resistance to diseases and pests. j ganry (Ed.). *CIRAD/INIBAP, Montpellier, França.* pp 105-113.

Lot H., Marrou J., Quiot J. B., Esvan C. (1972). Contribution al'etude du virus de la mosaique du concombre (CMV). II. Methode de purification rapide du virus. *Ann Phytopathol* **4:** 25-38.

Maizel J. V. (1971). Eletroforese em gel de poliacrilamida de proteínas virais. In: Methods of Virology. Maramorosh K, Koprowski K. (eds.) Academic Press, New York. pp 179-246.

Makkouk K. M., Hsu H. T., Kumari, S. G. (1993). Deteção de três vírus de plantas por imunoensaios dot-blot e tissue-blot utilizando substratos quimioluminescentes e cromogénicos. *J Phytopathology* **139**: 97102.

Martin M.T., Gelie B. (1997). Proteínas não estruturais do potyvirus da varíola da ameixa detectadas por marcação com imunogold. *Eur J Plant Pathol* **103:** 427-431.

Noordam D. (1973). Identificação de vírus de plantas. In: *Methods and Experiments*. Noordam D (ed). Oxford e IBH publishing company, New Delhi. pp 207.

Palukaitis P., Roossinck M. J., Dietzgen R. G., Francki R. I. B. (1992). *Cucumber mosaic virus*. *Adv Virus Res* **41**: 281-348.

Pant V., Gupta D., Choudhury N. R., Malathi V.G., Varma A., Mukherjee S.K. (2001). Caracterização molecular da proteína Rep do isolado de blackgram do vírus do mosaico amarelo do feijão-mungo indiano. *J Gen Virol* **82**: 25592567.

Pawlowski K, Kunze R, Vries SD, Bisseling T (1994) Isolation of total, poly(A) and polysomal RNA from plant tissues. *Plant Molecular Biology Manual* **D5**: 1-13.

Raj S. K., Kumar S., Snehi S. K. (2013). Desenvolvimento recente em biologia molecular e gestão de vírus de plantas. *Volume de comemoração do Jubileu de Diamante da investigação e desenvolvimento da última década* (Eds. D. V. Amla, P. Nath, D. K. Upreti, N. Singh e K. N. Nair), Diretor, CSIR-NBRI, Lucknow, Índia, pp. 285-303.

Sambrook J., Fritsch E. F., Maniatis T. (1989). Molecular Cloning: A Laboratory Manual. 2nd Edição. Cold Spring Harbor Laboratory Press, Cold Spring Harbor, Nova Iorque.

Shahid M. S., Ali L., Andleeb S. (2009). A função da região rica em a do alfasatélite associado à doença do enrolamento da folha do algodão no Paquistão. *Eur Asia JBio Sci 3:* 152-156.

Srivastava K. M., Raj S. K., Singh B. P. (1992). Propriedades de uma estirpe *do vírus do mosaico do pepino* que infecta espontaneamente o crisântemo na Índia. *Plant Disease* **76:** 474-477.

Stanley J., Bisaro D. M., Briddon R. W., Brown J. K., Fauquet C. M., Harrison B. D., Rybicki E. P., Stenger D. C. (2005). Geminiviridae. In: Fauquet, C.M., Mayo, M.A. Maniloff, J. Desselberger, U., Ball, L.A. (eds), Virus Taxonomy, VIIIth Report of the ICTV. Elsevier/Academic Press, Londres, pp 301-326.

Symons R. H. (1975). RNA *do vírus do mosaico do pepino* contendo 7-metilguanosina no terminal 5' de todas as quatro espécies de RNA. *Mol Biol Rep* **2:** 277-285.

Varma A., Malathi V.G. (2003). Problemas emergentes de geminivírus: A serious threat to crop production. *Ann App Biol* **142**: 145-146.

Vetten H. J., Chu P. W., Dale J. M., Harding R. M., Hu J., Katul L., Kojima M., Randles J. W., Sano Y., Thomas J. E. (2005). Taxonomia dos vírus. VIII Report of the International Commettee on Taxonomy of Viruses *(*Eds. Fauquet C.M., Mayo M.A., Maniloff U., Desslberger L.A. Ball), Academic press, Landon, pp 343-352.

Ward C. W., Shukla D. D. (1991). Taxonomia dos potyvírus - problemas actuais e algumas soluções. *Intervirologia* **32**: 269-296.

Wardlaw C. W. (1961). As doenças virais: Bunchy Top. *In Banana Diseases including Plantains and Abaca, London Longmans*: 68-115.

Wildy, P. (1971). Classificação e nomenclatura dos vírus. Primeiro relatório do Comité

Internacional de Nomenclatura de Vírus. *Monog Virol* 5: 1-81.

Khan M. S. (2006). Caracterização molecular do geminivírus que infecta a malagueta e as ervas daninhas para o desenvolvimento de diagnósticos e estratégias de gestão eficazes do vírus. *Tese de doutoramento*, Universidade de Lucknow.

MIX
Papier aus verantwortungsvollen Quellen
Paper from responsible sources
FSC® C105338

FSC
www.fsc.org

Printed by Books on Demand GmbH, Norderstedt / Germany